IGOR & GRICHKA BOGDANOV

DAS GESICHT GOTTES

WAS WAR VOR DEM BIG BANG?

Vorwort von Robert W. Wilson, Nobelpreisträger der Physik

Aus dem Französischen von
Elisabeth Liebl

Riemann

Die französische Originalausgabe erschien 2010
unter dem Titel »Le visage de Dieu« bei Éditions Grasset, Paris.

Umwelthinweis:
Das für dieses Buch aus 100 % Recyclingfasern hergestellte und mit dem blauen Engel ausgezeichnete Papier *Top Recycling Pure* von Lenzing Papier, Austria, liefert Carl Berberich.
Die Einschrumpffolie (zum Schutz vor Verschmutzung) ist aus umweltfreundlicher und recyclingfähiger PE-Folie.

1. Auflage
Deutsche Erstausgabe

Vorsatz: Objekt »Hoag«, © NASA/JPL Hubble Space Telescope
Nachsatz: Igor und Grichka Bogdanov, *Reise zur Stunde Null*,
Theiss Verlag 2008
Lektorat: Gerhard Juckoff
Satz: Barbara Rabus
Druck und Bindung: GGP Media GmbH, Pößneck
Printed in Germany
ISBN 978-3-570-50134-4
www.riemann-verlag.de

»Für einen gläubigen Menschen ist das,
als erblicke er das Antlitz Gottes.«

George Smoot, Nobelpreisträger der Physik, als er
am 23. April 1992 die Bilder des entstehenden Universums
zeigte, aufgenommen vom Satelliten *COBE*

Inhalt

ANHANG

Vorwort

In diesem Buch von Igor und Grichka Bogdanov, dessen Titel sich auf den berühmten Ausspruch meines Kollegen George Smoot bezieht, werden Sie die faszinierendste und geheimnisvollste Geschichte lesen, die Sie sich nur vorstellen können: die Geschichte unseres Ursprungs. Ja, Ihres und meines Ursprungs, aber vor allem die des Universums.

Jede gute Geschichte hat ihre Helden. Igor und Grichka werden Sie mit vielen der Wissenschaftler bekanntmachen, die zur Theorie vom Big Bang Wesentliches beigetragen haben, anfangs nur auf dem Papier, heute zunehmend mithilfe hochtechnisierter Satelliten. Ich hatte leider nicht das Glück, die Helden der Anfänge wie Alexander Friedmann oder Edwin Hubble kennenzulernen. Doch viele der Menschen, denen Sie auf diesen Seiten begegnen werden, kenne ich persönlich – Fred Hoyle zum Beispiel oder George Gamow und Robert Dicke. Es ist mir eine große Freude, mich mit zwei der großen Protagonisten der Big-Bang-Theorie in diesem Buch wiederzufinden: James Peebles und John Mather, deren Beiträge Sie im Anhang finden. Wie Sie in diesem Buch erfahren werden, haben Jim Peebles und seine Forschungsgruppe in Princeton mir entscheidend dabei geholfen, das geheimnisvolle Phänomen zu verstehen, auf das ich zusammen mit Arno Penzias gestoßen war. John Mather hat zusammen mit seinem Team später den Satelliten *COBE* entwickelt, dessen Daten unsere Theorien bestätigen konnten.

Hätte *COBE* nicht die minimalen Temperaturschwankungen im ersten Lichtstrahl des Universums belegt, hätten wir enorme Schwierigkeiten gehabt, unsere Existenz als Menschen zu erklären. Ich kann gut verstehen, wie aufgeregt George Smoot war, als er die ersten Daten von *COBE* bekam. Das war der eigentliche Grund für seinen Ausruf, dass wir nun gleichsam ins Angesicht Gottes blickten. Ich hätte es vermutlich anders formuliert. Auch wenn dieses Bild etwas unglaublich Beeindruckendes hat, ich hätte eher gesagt: »Nun können wir endlich das Urantlitz der Schöpfung bewundern«, statt vom Schöpfer selbst zu sprechen. Und doch! »Irgendetwas« war am Anfang da, damit alles so wunderbar seinen Platz finden konnte. Ich meine: Wenn Sie im jüdisch-christlichen Sinne religiös sind, dann gibt es keine Theorie, die der Schöpfungsgeschichte nähersteht als die des Big Bang. Daher werde ich in meinem Beitrag am Ende dieses Buches noch einmal näher auf diese Geschichte eingehen, die sich auch ein wenig mit meiner persönlichen Geschichte deckt.

Für den Augenblick aber möchte ich Sie nur einladen, Igor und Grichka Ihr Ohr zu leihen, während sie uns die Geschichte eines fantastischen Abenteuers erzählen: Es wird uns zu den Ursprüngen des Universums führen und einer der revolutionärsten Ideen folgen, die es in der Menschheitsgeschichte je gab.

Robert W. Wilson

Nobelpreis für Physik 1978
Universität Harvard

Einführung

Washington, 23. April 1992. Wir befinden uns auf der Jahreskonferenz der ehrwürdigen American Physical Society im Ramada-Hotel. Es ist kurz nach Mittag. George Smoot, ein jovialer bärtiger Physiker, den zu jener Zeit noch kein Mensch kennt, hat gerade ein Sandwich vertilgt und ein Glas Wasser getrunken. Nun macht er sich auf in den Saal, wo die Pressekonferenz stattfinden wird. Er will eine Nachricht verlesen, die – wie er weiß – um die ganze Welt gehen wird. Und George Smoot genießt diesen Moment. Er hat für diesen bedeutenden Anlass seinen besten Anzug aus dem Schrank geholt. 15 lange Jahre hat er auf diesen Augenblick gewartet. 15 Jahre harter Arbeit, Tag um Tag, manchmal auch Nacht um Nacht. Eine schier endlos erscheinende Kette von Hindernissen, nahezu unüberwindlichen Schwierigkeiten, harten Kämpfen, Rückschlägen, Unfällen, Enttäuschungen, Kritik und Ungewissheit hat ihn heute hierhergeführt. In einigen Minuten wird er der Öffentlichkeit seine große Entdeckung verkünden, sie detailliert präsentieren und der ganzen Welt erklären. Einen Augenblick lang hält er inne. Er sucht nach Inspiration, rückt sich die Brille auf der Nase zurecht, dann öffnet er unvermittelt die Tür zum Presseraum.

Ein Murmeln erhebt sich, schwillt langsam an, bis es wieder erstirbt. Von seinen Kollegen Ned Wright, Chuck Bennett und Al Kogut begleitet, ersteigt George Smoot als Erster das Podium. Die Treppe knarrt und versetzt der Stille bei jedem Schritt einen weiteren Stoß. Bevor er sich setzt, lässt George seinen Blick über das Auditorium gleiten. Die Stimmen werden leiser und leiser. Der Saal ist bis zum letzten Platz gefüllt. Ein kaum noch hörbares Flüstern verrät die Spannung der Wartenden. Ein magischer Augenblick: als bräche ein Wunder sich Bahn. Das durchdringende Surren einer Fliege an einer der Fensterscheiben durchbricht die fast schon feierliche Stimmung. Die vier Wissenschaftler sehen sich schweigend an. Eine Reihe von Scheinwerfern erhellt den Saal. Zahllose Kameras verfolgen die Bewegung der vier. Das gleißend helle Licht, durchzuckt von zahlreichen Blitzlichtern, wirkt wie ein Flammenmeer. Smoot räuspert sich. Der Raum öffnet sich vor ihm wie ein tiefer Abgrund. Erst allmählich dringt ihm ins Bewusstsein, wie groß das Interesse der Öffentlichkeit an den Forschungsarbeiten ist, die er und sein Team in all den Jahren durchgeführt haben.

Er fängt an zu sprechen. Die ersten Worte tasten sich leise in den Saal und suchen ihren Weg durch die erhitzte Luft.

»Wir haben die ältesten und größten Strukturen beobachtet, die jemals im frühen Universum gesichtet wurden. Sie stammen aus der Zeit etwa 380 000 Jahre nach dem Big Bang.«

Einen Moment lang schweigt er. Dann fährt er fort:

»Es handelt sich dabei um die Keimzellen heutiger Strukturen wie Galaxien, Galaxienhaufen und so weiter. Sie stellen Falten im Gewebe der Raumzeit dar, die sich aus der Zeit der Schöpfung erhalten haben.«[1]

Smoots Worte lassen auch die Letzten verstummen. Er hebt den Blick und lässt die Information wirken. Die Journalisten im Raum scheinen von einer Art Schwindelgefühl ergriffen. Jeder Einzelne von ihnen begreift, dass diese wenigen Worte die Welt der Kosmologie erschüttern werden: Zum ersten Mal hatte ein Satellit, der *Cosmic Background Explorer (COBE)*, das älteste Licht des Universums aufgenommen. Diese Urstrahlung lieferte erste Informationen darüber, wie das »kosmische Ei« kurz nach seiner Entstehung vor mehr als 13 Milliarden Jahren aussah. Drei Jahrzehnte lang hatten die Astrophysiker geforscht, gesucht und Theorien aufgestellt. Nun hielten sie den Beweis in Händen, mit dessen Hilfe sie eines der ältesten Rätsel der Kosmologie lösen konnten: Hier hatten sie das älteste Bild des Universums vor Augen, rote, gelbe und blaue Flecken, klarer als der Mond mit bloßem Auge bei gutem Wetter – oder der Jupiter im Teleskop – zu sehen sind.

George Smoot, der Vater des *COBE*-Satelliten, ahnt in diesem Augenblick noch nicht, dass er im Jahr 2006 für seine Arbeit den Nobelpreis erhalten wird. Doch angesichts dieser absolut unvorstellbaren Bilder von der Schöpfung des Universums äußert er einen Satz, den niemand von ihm erwartet hätte und der in dem überhitzten Presseraum jeden elektrisiert: »Für einen gläubigen Menschen ist das, als erblicke er das Antlitz Gottes.«

Ein Raunen geht durch die Menge. Einzelne Kommentare werden hörbar. Die Tür geht auf, zwei Zuhörer gehen hinaus. Smoot rutscht ein wenig unsicher auf seinem Stuhl hin und her. Hat er zu viel gesagt? Wurde er vielleicht falsch verstanden? Waren die zwei Menschen, die hinausgingen, vielleicht entsetzt, den Begriff »Gott« auf einer wissenschaftlichen Konferenz zu hören? »Ich hätte es vermutlich anders ausgedrückt«, schreibt Robert Wilson im Vorwort zu diesem Buch. »Ich hätte eher gesagt: ›Nun können wir endlich das Urantlitz der Schöpfung bewundern‹, statt vom Schöpfer selbst zu sprechen.« Es sollte eine schlichte Metapher sein, ein sprachliches Bild. Doch George Smoot ahnte bereits, dass diese Aussage, die er nicht in religiösem Sinne verstanden wissen wollte, ihm in Wissenschaftlerkreisen Probleme machen würde.

Dabei kamen die Informationen, welche *COBE* lieferte, tatsächlich einem Wunder gleich: »Es handelt sich hier um die wichtigste Entdeckung des Jahrhunderts! Vielleicht aller Zeiten!«, meinte Stephen Hawking dazu. Die Begeisterung des weltberühmten englischen Wissenschaftlers war der Bedeutung des Ereignisses angemessen.

1992 wusste man noch recht wenig über die sogenannte »fossile Hintergrundstrahlung« (wie die Wissenschaftler das uranfängliche »Licht« des Universums nennen). Sie war 1964 von zwei amerikanischen Forschern entdeckt worden, die für die Bell Laboratories – die Forschungsabteilung der großen Telekommunikationsgesellschaft – Messungen mit einer hochempfindlichen Radioantenne durchführten. Mehr oder weniger durch Zufall stießen sie auf eines der unglaublichsten Phänomene, das die Menschheit je entdeckt hat. Penzias und Wilson – so die Namen der beiden Forscher – hatten, ohne es zu wissen, die Reste des ältesten Lichtstrahls im Universum entdeckt (Wilson berichtet darüber in seinem Beitrag im Anhang dieses Buches). Diese Strahlung war alles, was von der unglaublichen Energie des Big Bang noch übrig war. Ihre Temperatur nahm über Jahrmillionen kontinuierlich ab, bis sie heute 2,7 Grad über dem absoluten Nullpunkt (also –270,45 °C) erreichte.

Doch weder Penzias noch Wilson, noch andere Wissenschaftler hatten bis dahin gesehen, was Smoot und Mather ein Vierteljahrhundert später entdecken würden. Denn in der fossilen Hintergrundstrahlung gab es Unregelmäßigkeiten. Als wäre diesen Bildern vom Anfang des Universums (wie George Smoot einmal sagte) »*etwas* eingeschrieben«. Das uranfängliche Universum schien auf geheimnisvolle Weise *vorkonfiguriert*. Es wirkte wie eine »kosmologische Karte«, die in ihren Falten und Furchen auf das spätere Aussehen des Kosmos verwies.

Das Rätsel dieser Falten ist bis heute noch nicht gelöst. Im Jahr 2001 startete eine weitere Raumsonde: die *Wilkinson Microwave Anisotropy Probe (WMAP)*. Sie ist mit noch empfindlicheren Messgeräten ausgestattet als ihre Vorgängerin, und sie ist darauf ausgelegt, die Falten in der fossilen Hintergrundstrahlung aufzunehmen. Doch die Bilder, die von dieser Sonde bislang veröffentlicht wurden, trugen nicht unbedingt dazu bei, die entscheidende Frage bei diesem Problem zu lösen: Woher rühren die Unregelmäßigkeiten, die es 380 000 Jahre nach dem Big Bang in der Hintergrundstrahlung gab? Sämtliche Theorien über den Ursprung des Universums stoßen unweigerlich an eine bestimmte, unüberwindliche Grenze: die Plancksche Mauer. Diese liegt unendlich weit in der Zeit zurück, noch vor dem »ersten Licht« des Universums, das *COBE* gemessen hat, und sie ist so winzig, dass man sie sich kaum vorstellen kann:

10^{-33} cm, ein »Hauch von nichts«, die kleinste Länge im Universum. Wenn wir uns vorstellen, die Plancksche Mauer sei 3 Meter hoch, dann wäre ein einziges Wasserstoffatom so groß wie das gesamte Universum. Kein Wunder also, dass die klassische Physik (die der Achtzigerjahre ebenso wie die heutige) angesichts solcher Dimensionen zum Schweigen verurteilt ist.

In *Gott und die Wissenschaft*, einem Buch, das wir zusammen mit dem Philosophen Jean Guitton geschrieben haben, erklären wir, dass man das Universum womöglich als Geheimbotschaft in einem noch unbekannten Code auffassen kann, eine Art kosmischer Hieroglyphe, die wir gerade erst zu entziffern beginnen. Diese geheime Botschaft könnte in die Struktur des ursprünglichen Universums eingewoben sein, in dieser weit zurückliegenden Zeit, in der alles, was sein wird, im ersten Licht bereits vorprogrammiert zu sein scheint. Natürlich beruht das Universum, wie wir es kennen, auf den Gesetzen der Physik, doch ebendiese scheinen auf eigentümliche Weise »außerhalb« unserer Wirklichkeit, also jenseits des Big Bang, zu wurzeln. In seinem Buch *Der Plan Gottes* erklärt der amerikanische Physiker Paul Davies:

> Welche Art metaphysische Instanz könnte ein Universum erschaffen? Es ist wichtig, sich vor dem naiven Bild eines Schöpfers zu hüten, der zu einem bestimmten Zeitpunkt mit übernatürlichen Mitteln ein Universum erzeugt, wie ein Zauberer ein Kaninchen aus dem Hut hervorzieht. Wie ich ausführte, kann

> die Schöpfung nicht nur in der Auslösung eines Urknalls bestehen. Wir suchen vielmehr nach einem subtileren, zeitlosen Begriff einer Schöpfung, die, mit Hawkings Worten, den Gleichungen Odem einbläst und so das nur Mögliche zu etwas wirklich Existentem macht. Diese Instanz ist in dem Sinne schöpferisch, als sie die Gesetze der Physik zu verantworten hat, die unter anderem bestimmen, wie sich die Raumzeit entwickelt.[2]

Diesen »subtileren, zeitlosen Begriff einer Schöpfung«, von dem Paul Davies spricht, hoffen wir, in Fragmenten erkannt zu haben. (So wie man die ursprünglichen Konturen eines Basreliefs an seinen Überresten erkennen kann.) Diese Fragmente wollen wir Ihnen hier vorstellen. Im Vorwort zu dem genannten Buch schreibt Paul Davies gar:

> Ich gehöre zu der Gruppe von Wissenschaftlern, die sich zu keiner der großen Religionen bekennen, aber ich meine doch, das Weltall könne kein zweckfreier Zufall sein. Meine wissenschaftliche Arbeit hat mich immer mehr davon überzeugt, dass das physikalische Universum einfach genial konstruiert ist. Das kann ich nicht einfach als schlichte Tatsache hinnehmen. Es muss, so scheint mir, eine tiefere Erklärungsebene geben. Ob man diese tiefere Ebene »Gott« nennen will, ist eine Frage des Geschmacks und der Definition.[3]

Vielleicht war es ja auch »Geschmackssache«, dass die Physiker, dem Nobelpreisträger von 1988 Leon Lederman folgend, das geheimnisvollste Teilchen, das die Welt des unendlich Kleinen bevölkert, »Gottesteilchen« genannt haben. Im Moment versuchen die Physiker des LHC, des Teilchenbeschleunigers am Forschungsinstitut CERN in Genf, ebendieses Teilchen dingfest zu machen. Die dort beschleunigten Teilchen flitzen in einer Sekunde sage und schreibe 11 000 Mal durch die 27 Kilometer lange Beschleunigerstrecke! Ein Zufall? Eines der Ziele der Wissenschaftler am LHC ist es, ebenjene Umweltbedingungen zu schaffen, die bei der Entstehung des Universums herrschten, also einen Sekundenbruchteil nach dem Big Bang! Der große Traum der modernen Physik ist es, das zu finden, was die Wissenschaft die »Supersymmetrie« nennt, also das vollkommene Gleichgewicht, das zu Anbeginn der Schöpfung in der Raumzeit herrschte.

Ohne Zweifel waren es diese Fragen, die George Smoot zu folgendem Satz bewegten, der sein Buch *Das Echo der Zeit* abschließt:

> In dem Augenblick, da der Kosmologe erkennt, wie die Gesetze und Prinzipien des Kosmos sich allmählich zu einem Ganzen fügen, dass sie miteinander verflochten sind, dass sie eine Symmetrie zeigen, welche die alten Mythologien ihren Göttern vorbehielten, wenn ihm klar wird, dass diese Gesetze besagen, dass das Universum expandieren muss, dass es flach sein muss, dass es all das sein muss, was es ist – in diesem Augenblick nimmt er reine, unverfälschte Schönheit wahr. Das religiöse Schöpfungskonzept entspringt einem Staunen über die Existenz des Universums und unsere Stellung in ihm.[4]

Nachdem die vier Wissenschaftler zwei Stunden lang die Fragen der Journalisten beantwortet haben, bleibt George Smoot noch einen Augenblick still sitzen, den Blick ins Leere gerichtet. Vielleicht stellt er sich damals schon die Frage, die er später in seinem Buch formulieren wird: »In der Kosmologie fließen Physik, Metaphysik und Philosophie ineinander, und wenn die Forschung sich der letzten Frage nähert, der Frage nach unserer Existenz, verwischen sich zwangsläufig die Grenzen.«[5] Sie verwischen sich so sehr, dass man sich angesichts der Bilder vom entstehenden Universum unwillkürlich fragt: »Warum gibt es etwas und nicht nichts? Warum gibt es das Sein? Das ›gewisse Etwas‹, das uns vom Nichts trennt?« Wenn die »kosmische DNS«, von der Smoot in seinem Buch spricht, tatsächlich existiert, dann müssen wir sie ohne jeden Zweifel am Ursprung suchen: in jenem ersten Moment, der für die Entwicklung der Welt so bedeutsam werden wird. Und wir müssen unseren Blick über den Big Bang hinausrichten. Vielleicht entdecken wir dort, in der uranfänglichen Singularität, das tiefste Geheimnis – in der imaginären Zeit, in der Stunde null. Natürlich wäre es für jeden Forscher ein unglaubliches Erlebnis, wenn er herausfände, dass die Spuren dieses uranfänglichen Geheimnisses sich in der kosmischen Hintergrundstrahlung noch finden lassen.

Eines der Ziele in der Wissenschaft ist es, die augenscheinliche Komplexität der Phänomene zu reduzieren, um ihnen eine einfache Erklärung zu geben. Wenn Sie eine Handvoll Schnee betrachten, sehen Sie schnell, dass jede einzelne Flocke sich von der anderen unterscheidet. Manche kristallisieren sternförmig, andere in Sechsecken, wieder andere in vollkommen kreisförmigen Mustern mit sechs winzigen Spitzen: Jede von ihnen ist einzigartig, jede kann zahllose Formen annehmen. Dieser unglaubliche Formenreichtum, diese Millionen und Abermillionen verschiedenster Kombinationsmöglichkeiten aber lassen sich auf eine recht simple Wirklichkeit zurückführen, die allen Schneeflocken gemein ist: Wenn Sie sie eine Zeit lang in der Hand halten, lösen sich die komplexen Formen auf und zurück bleiben nur ein paar Tropfen Wasser – ein bisschen Wasserstoff, noch weniger Sauerstoff.

Wir werden uns nun auf die Suche nach der uranfänglichen Einfachheit machen, die den Kosmos 13,7 Milliarden Jahre vor deren Formulierung in diesem Buch prägte. Wir tun dies in der Hoffnung, den Schleier ihres Geheimnisses wenigstens ansatzweise lüften zu können.

Kapitel 1

Wo finden wir das Gesicht Gottes?

An einem düsteren Novemberabend des Jahres 1990 kehren wir von einem Spaziergang mit dem Philosophen Jean Guitton durch die Gärten des Palais du Luxembourg in die Rue de Fleurus zurück. Der Wind hatte unsere Gewissheiten ordentlich durcheinandergeschüttelt und war gerade dabei, den Hut des alten Denkers christlicher Schule zu entführen, als dieser sich bückte, um ihn aufzuheben, und – sich aufrichtend – meinte: »Wie wird Gott ...« Den Rest des Satzes trug der Wind davon. In die unvermittelte Stille hinein wiederholte er seine Frage: »Wie wird Gott im Kosmos sichtbar?« Diese Frage, die der Abendwind davontrug, wurde zur Keimzelle des Buches, das wir zusammen schrieben: *Gott und die Wissenschaft*.[6]

Seltsamerweise stellte sich uns diese Frage zwei Jahre später erneut, diesmal vor einem wissenschaftlichen Hintergrund, und zwar an ebenjenem Tag im April 1992, als George Smoot versuchte, uns die Tragweite der Bilder begreiflich zu machen, die uns eine Momentaufnahme vom Ursprung des Universums zeigten, eine Vision aus den Abgründen der Unendlichkeit, die mit nichts anderem vergleichbar war als dem Angesicht Gottes. Smoot führte diese Metapher übrigens später fort. Als er fünf Jahre nach seiner Entdeckung in der renommierten Zeitschrift *Science* die fossile Hintergrundstrahlung beschrieb, nannte er sie »die Handschrift Gottes«.[7]

Hier also unsere erste Frage: Warum bemühte George Smoot, der sich im Allgemeinen wie jeder Wissenschaftler hütet, metaphyische Aussagen zu machen, an jenem Frühlingstag im Jahr 1992 plötzlich Gott, um zu beschreiben, was seine Satellitenbilder zeigten? Wir haben diese Frage seinem alten Weggefährten John Mather gestellt, der zusammen mit ihm im Jahr 2006 den Nobelpreis für Physik erhalten hat. Hier seine Antwort: »Warum George das gesagt hat? Nun, wie er später erklärt hat, wollte er den Menschen helfen, die Bedeutung der wissenschaftlichen Resultate besser zu begreifen. Aber natürlich protestierten viele Menschen gegen diese Ausdrucksweise, vor allem in den USA, wo die Religionsausübung immer auch eine Sache der Politik ist.«[8]

Natürlich zog jener Satz heftige Reaktionen nach sich. Als Smoot nach der Konferenz in sein Labor an der Universität Berkeley in Kalifornien zurückkehrte, fand er an der Tür ein Schild: »Haus des heiligen Grals«. Die Studenten hatten in der Eingangshalle große Plakate mit dem berühmten Bild des entstehenden Universums aufgestellt und darunter geschrieben: »Betrachten Sie das Antlitz Gottes.«

Auch in den heiligen Hallen der American Physical Society und im Kreise seiner Kollegen hatte George Smoots Ausspruch für Widerstand gesorgt. Was er uns im Übrigen selbst bestätigte: »Ich muss Ihnen ganz offen sagen, dass meine Äußerungen und speziell der Gottesvergleich am Tag der Vorstellung unserer Entdeckung mir viel Ärger eingetragen haben, gerade auch in der Gemeinde der Wissenschaftler.«[9]

Doch Smoot hatte gute Gründe, so weit zu gehen, wie er nun einmal gegangen war. Denn er hatte am Sternenhimmel ja durchaus »etwas« entdeckt. Etwas höchst Ungewohntes. Aber was nur? Möglicherweise dasselbe wie Richard Isaacman, Astrophysiker an der Universität Leiden. Auch er gehörte zum Team um George Smoot und John Mather, das den Satelliten *COBE* betreute. Er war in den Neunzigerjahren für die Auswertung der Satellitendaten verantwortlich und konnte die fantastische Entdeckung sozusagen als Direktübertragung verfolgen. Eines Tages (kurz nachdem der Satellit in seine Umlaufbahn gebracht worden war) entdeckte er die kaum verwechselbaren Strahlungskurven eines idealen Schwarzkörpers (womit man in der Physik ein Objekt im thermischen Gleichgewicht bezeichnet) in der kosmischen Hintergrundstrahlung und rief aus: »Ich hatte das Gefühl, als blicke ich Gott mitten ins Gesicht.«[10]

Fassen wir also kurz zusammen, worum es hier geht. Smoot hat uns selbst das Folgende dazu geschrieben: »Es handelte sich um eine Metapher, doch die Journalisten haben sie wörtlich genommen und weiterverbreitet, ohne auch nur zu versuchen, die Hintergründe zu verstehen, die tiefere Bedeutung.«[11]

Genau! Es liegt eine tiefere Bedeutung in dem, was George Smoot gesagt hat. Worin aber besteht sie? Um dies herauszufinden, sollten wir dem unendlichen Geheimnis unseres Ursprungs ins Auge blicken – mit Vernunft und Demut. Vielleicht machen dann auch wir eine Entdeckung, die dem gleicht, was Smoot in seinem Buch beschreibt: »Außerdem erkennen wir, wenn wir das Universum als Ganzes erforschen, immer mehr, dass Mikrokosmos und Makrokosmos ein und dasselbe sind. Wenn wir beides zusammennehmen, wird uns bewusst, dass die Natur nicht etwa deshalb so ist, wie sie ist, weil sie das Zufallsergebnis einer zufälligen Reihe von sinnlosen Ereignissen ist.«[12]

Wenn das Universum kein »Zufallsergebnis« ist, woher kommt es dann? Woher kommen wir?

Sicher haben auch Sie sich schon einmal in Ihrem Leben gefragt – und sei es nur einen flüchtigen Moment lang, ohne dieser Frage große Bedeutung beizumessen –, ob es wohl möglich sei, das »Gesicht Gottes« zu sehen? Wie können wir herausfinden, ob es »etwas« – oder gar »jemanden« – gibt, der hinter dieser gigantischen Maschinerie steht, die wir Universum nennen? Ein Geist, der »dem des Menschen unendlich überlegen ist«, wie Einstein 1936 einem Kind schrieb. Versuchen wir also einmal, so zu denken wie Einstein oder vielmehr wie die Wissenschaftler im Allgemeinen.

Was einen Wissenschaftler an der Natur interessiert und woran er von morgens bis abends (und mitunter auch nachts) arbeitet, sind die Gesetzmäßigkeiten, nach denen sie funktioniert. Nehmen wir etwas ganz Simples als Beispiel: die Schneeflocken, von denen wir gerade gesprochen haben. Jede einzelne Schneeflocke unterscheidet sich von der anderen durch ihre Form. Und doch haben alle ohne Ausnahme sechs Spitzen. Nicht vier oder fünf. Oder sieben. Warum aber genau sechs? Auch wenn das etwas mit dem Wasser zu tun hat, aus dem die Schneeflocken bestehen, wer hat entschieden, dass es sechs sein müssen? Und das ist nicht die einzige merkwürdige Gesetzmäßigkeit. Wenn Sie im Sommer an einer Wiese vorbeikommen, pflücken Sie doch mal wahllos ein paar Margeriten. Und zählen Sie die Blütenblätter. Die erste hat fünf, die zweite 13, eine andere acht. Aber Sie werden keine Margerite finden, die sieben Blütenblätter hat. Oder 16. Wieso? Weil auch die Zahl der Blütenblätter einer Blume kein Zufall ist. Tatsächlich folgt sie einem mathematischen Gesetz, das in den Tiefen der Blüte verborgen wirkt. Und wieder ist die Frage: Woher kommt dieses Gesetz?

Wenden wir uns erneut dem ersten Lichtstrahl des Universums zu. Wie Robert Wilson uns bereits sagte, ist das Erstaunlichste an der Hintergrundstrahlung ihre Regelmäßigkeit, die an ein Wunder grenzt: Die Temperatur der Strahlung schwankt maximal um ein Hunderttausendstelgrad im gesamten Weltraum. Dieselbe Temperaturänderung also, die Sie empfinden würden, wenn jemand auf dem Mond ein Streichholz anzündete! Wie lässt sich solch eine fein ausgewogene Regulierung erklären?

Aber machen wir erst einmal weiter. Wie Sie wahrscheinlich wissen, gibt es im Universum vier Grundkräfte. Zwei davon wirken in unserem alltäglichen Umfeld genauso wie in der Unendlichkeit, also in Ihrem Wohnzimmer ebenso wie in der grenzenlosen Weite der Sterne und Galaxien. Das ist zum einen die Gravitation (die dafür verantwortlich ist, dass Sie sich beim Lesen nicht von Ihrem Sessel in die Lüfte erheben), zum anderen die elektromagnetische Kraft (die vielleicht im Moment diese Seiten beleuchtet, die aber auch dafür sorgt, dass der Sessel unter Ihnen nicht in ein wirres Teilchengemisch zerfällt). Und die beiden anderen? Sie wirken nur auf der Ebene des unendlich Kleinen. Da ist zum einen die schwache Kernkraft (ohne die die Sonne nicht scheinen würde), zum anderen die starke Kernkraft (die die Elementarteilchen im Innern des Atomkerns zusammenhält).

Hier stoßen wir nun auf Zahlen, deren Feinabstimmung so präzise erscheint, dass sie fast »übernatürlich« wirkt. Ordnen wir der starken Kernkraft einmal den Wert 1 zu, dann ist die elektromagnetische Kraft 137-mal kleiner (also weder 138- noch 135-mal). Dann kommt die schwache Kernkraft, die eine Million Mal kleiner ist als die starke Kernkraft. Und schließlich die Gravitation, deren Wirken auf der Erde man Schwerkraft nennt: Sie ist 1000 Milliarden Milliarden Milliarden Milliarden Mal kleiner als die starke Kernkraft! Wie lässt sich dieser enorme Absturz um genau 39 (und nicht etwa 40) Potenzen erklären? Diese außerordentlich genaue Abstimmung ist umso verblüffender, als sie sich bei rund dreißig anderen Konstanten wiederfindet, die das Funktionieren unseres Universums gewährleisten, von der Größe des Staubkorns auf Ihrem Ärmel bis hin zu den Milliarden Sternen der Milchstraße.

Ohne diese Fundamentalkonstanten – genauer gesagt ohne deren exakte Feinabstimmung – könnte nichts existieren, weder Blume noch Hund, weder Katze noch irgendein anderes Lebewesen. Unsere Welt, ja das ganze Universum wäre in dieser Form nicht möglich. Der Physiker Stephen Hawking, der an den Rollstuhl gefesselt mit dem Blick auf seinen Bildschirm mit der Menschheit kommuniziert, meint in seinem Buch *Eine kurze Geschichte der Zeit:* »Die Naturgesetze enthalten nach heutigem Wissensstand einige grundlegende Zahlen, etwa die Größe der elektrischen Ladung des Elektrons oder das Massenverhältnis von Proton und Elektron ... [So] scheint es, als ließen die Zahlenwerte, die die Entwicklung intelligenten Lebens ermöglichen, wenig Spielraum.«[13]

Im Laufe des Jahres 1998 hatten wir mehrere spannende Diskussionen mit einem gewissen Herrn Alexander Poliakow, einem russischen Wissenschaftler, der heute an der Universität Princeton lehrt (wo außer ihm noch andere Größen der Big-Bang-Forschung tätig waren, unter anderem Einstein, Dicke, Wilkinson, Peebles und Penzias). Poliakow ist Professor für theoretische Physik und wurde als solcher mit der Dirac-Medaille geehrt (einer der höchsten Auszeichnungen auf diesem Gebiet). Poliakows Arbeit übte einen bleibenden Einfluss auf die aktuelle theoretische Physik aus, da er 1975 als Erster (zur selben Zeit wie der Nobelpreisträger Gerard t'Hooft, allerdings von ihm unabhängig) die Natur dieser seltsamen »Pseudopartikel« beschrieb, die zwar nicht in der realen, möglicherweise aber in der imaginären Zeit existieren könnten. (Physiker stellen sich die imaginäre Zeit als fixen »Zeitraum« vor, der uns – wie wir noch sehen werden – bei der Entstehung des Universums begegnet.) Als Poliakow noch am Landau-Institut der ehemaligen Sowjetunion forschte, traf er folgende Feststellung: »Wir wissen, dass die Natur vom besten aller mathematischen Modelle beschrieben wird, weil Gott sie erschaffen hat.«[14]

Vielleicht drängt sich uns ja deshalb angesichts der Erscheinungen der Natur – einer Rosenblüte beispielsweise oder eines

Sonnenuntergangs – mitunter unwillkürlich der Eindruck auf, als stünde eine ordnende Kraft dahinter, eine ungreifbare, aber wohlwollende Intelligenz, die das Räderwerk der Welt, ob sichtbar oder unsichtbar, in Gang hält. Auch wenn diese kaum fassbare Gewissheit meist schon im nächsten Moment dahin ist.

Und weiter?

Schauen wir doch mal kurz bei Einstein herein. 1929 erhält er ein ungewöhnliches Telegramm, das von Herbert S. Goldstein kommt, dem Rabbiner von New York. Dieser stellt ganz unverblümt die Gretchenfrage, ob er – Einstein – an Gott glaube. Es handelt sich hierbei um eine höchst ernste Angelegenheit, war doch der Rabbiner kurz zuvor von Kardinal O'Connell kontaktiert worden, dem einflussreichen Prälaten von Boston. Dieser drohte, den Vatikan zu alarmieren, da die Relativitätstheorie »allgemeinen Zweifel an Gott und der Schöpfung« wecke und daher »das grausige Gespenst des Atheismus« an die Wand male.

Rabbi Goldstein war mehr als besorgt. Und so machte sich der Meister daran, ihn mit weniger als dreißig Worten (wegen der Telegrammgebühr) zu beruhigen: »Ich glaube an Spinozas Gott, der sich in der gesetzlichen Harmonie des Seienden offenbart, nicht an einen Gott, der sich mit Schicksalen und Handlungen von Menschen abgibt.«[15]

Rabbi Goldstein muss überglücklich gewesen sein, denn schon bald sagte er jedem, der es hören wollte, Einstein sei »natürlich« kein Atheist. Da dieser sich zu diesem Thema weise ausschwieg, befand der Rabbi es für gut hinzuzufügen: »Wenn man Einsteins Theorie zu Ende denkt, würde sie der Menschheit eine wissenschaftliche Begründung für den Monotheismus liefern.«

Ganz sicher war es nicht das, worauf der Vater der Relativitätstheorie in seiner Forschung abzielte. Aber nun einmal im Ernst. Einstein vertraute Paul Dirac, wie er Nobelpreisträger der Physik, mehr als einmal an, dass die Feinabstimmung der Fundamentalkonstanten ihn beschäftige, weil er nicht glauben könne, dass sie zufallsbedingt sei. Ebendiese Überzeugung brachte ihn vermutlich zu der folgenden, höchst interessanten Aussage: »Ich möchte wissen, wie Gott die Welt erschaffen hat. Die Elemente und Erscheinungen interessieren mich nicht. Ich möchte seine Gedanken kennen. Der Rest sind nur Einzelheiten.«[16]

Gott!

Sollte das ein Zufall sein? Auch Hawking beschließt seine *Kurze Geschichte der Zeit* mit ähnlichen Worten.[17] Er fragt sich darin unter anderem, weshalb die Welt existiert. Und seine Antwort fällt recht überraschend aus: »Wenn wir die Antwort auf diese Frage fänden, wäre das der endgültige Triumph der menschlichen Vernunft – denn dann würden wir den Plan Gottes kennen.«

Und so stehen wir mit Einstein und Hawking, zwischen denen fünfzig Jahre des Denkens liegen, erneut an dieser Scheidewand, die Gott und die Wissenschaft trennt. Nicht wenige Wissenschaftler glauben, dass diese Frage den neuen Horizont der wissenschaftlichen Forschung im 21. Jahrhundert markiert. Zumindest sieht das der große amerikanische Theoretiker Freeman Dyson so, einer von Peebles Kollegen in Princeton: »Die Herausforderung besteht darin, die Gedanken Gottes lesen zu können.«[18] Und zu erfahren, warum das Universum existiert. Warum es so ist, wie es ist. Warum es »etwas« gibt und nicht »nichts«. Wie die Welt geschaffen wurde.

Sie sehen also allmählich, worum es uns hier geht. Um eine eindeutige Beziehung zwischen der Entstehung des Universums und seinem hypothetischen Schöpfer im Hintergrund. Wie könnte eine derartige Beziehung geartet sein? Ganz einfach: wie das uralte Prinzip von Ursache und Wirkung. Eine Steilvorlage für alle Spiritualisten, eine Kopfnuss für Atheisten, die nichts anderes besagt, als dass es keine Wirkung ohne Ursache gibt. Dort also werden wir beginnen, George Smoots geheimnisvolles »Antlitz Gottes« zu suchen, an ebenjener Stelle, die Jean Guitton als »Ursache aller Ursachen« bezeichnete.

Und wo wird uns das hinführen? Ganz sicher in vollkommen unbekannte Gefilde. Zu einer uranfänglichen Ursache, die dem Nobelpreisträger Arno Penzias zufolge außerhalb unseres Universums liegt: »Was wir entdeckt haben, ist eine Strahlung, für die es in unserem Universum keine bekannte Quelle gibt.«[19]

Damit stehen wir also vor der entscheidenden Frage: Wenn diese »unbekannte Quelle« der fossilen Hintergrundstrahlung (und mit ihr des gesamten Universums) nicht in der Dimension des Hier und Jetzt existiert, wo können wir sie *dann* finden? Natürlich *vor dem Big Bang*. Dort, wo Energie und Materie noch nicht existieren. Denn möglicherweise hat Smoot ja das gemeint, als er über den Ursprung alles Seienden sagte: »Jedenfalls kann man sich in Verbindung mit bestimmten Konzepten ... vorstellen, dass das Universum aus fast nichts entstanden ist – nicht aus nichts, aber praktisch aus nichts.«[20]

Ein Vierteljahrhundert nach Penzias und Wilson stellt John Mather in seinem Beitrag im Anhang dieses Buches eine schockierende Frage: »Was geschieht denn im Augenblick des Big Bang? Oder gar noch *vorher*?« Nun, die fossile Hintergrundstrahlung kann uns darauf zumindest teilweise Antwort geben. Daher George Smoots Begeisterung, als er ihre Beschaffenheit entdeckte, denn für ihn hieß das, bis zur Schöpfung zurückzugehen, zuzusehen, wie Raum und Zeit entstehen, das Universum und alles, was darin ist, aber auch bis zur Spur dessen, der all das gemacht hat.

Nur um wen geht es da? Oder um was? Wie sieht die Ursache aus, von der George Smoot spricht, die »von außen« wirkt, um unser Universum gleichsam ins Leben zu rufen? Und dabei Spuren hinterlassen hat? Vor mehr als fünfzig Jahren hat der deutsche Physiker Max Planck, der die Wissenschaft vom unendlich Kleinen begründete, folgende Aussage gewagt: »Alle Materie entsteht und besteht nur durch eine Kraft [...] Da es im ganzen Weltall aber weder eine intelligente noch eine ewige Kraft gibt, so müssen wir hinter dieser Kraft einen bewussten, intelligenten Geist annehmen.«[21] Vielleicht sogar – wie Stephen Hawking einige Jahrzehnte später schreiben wird – »ein Wesen, das für die Gesetze der Physik verantwortlich zeichnet«[22], vor dem Big Bang.

Zweifellos leben wir in einer Epoche großer Umwälzungen. Die großen Fragen der Menschheit haben sich nicht geändert. Doch die Antworten darauf wandeln sich derzeit grundlegend. Denn tatsächlich ist gerade eine völlig neue Wissenschaft im

Entstehen begriffen: eine neue Form der *Informationswissenschaft*. Sie sagt uns, dass die Welt der Energie und der Materie auf einer anderen Welt aufsetzt, die unsichtbar ist, aber trotzdem alles bestimmt: die Welt der Information. Man muss sich das so ähnlich vorstellen wie das Verhältnis zwischen der lebenden Welt und dem genetischen Code, der sie steuert. Ebendavon spricht Smoot, wenn er über das Universum sagt: »Seine Entwicklung war in seinen Anfängen festgelegt, sie steckte, wenn man so sagen darf, in seiner kosmischen DNS.«[23]

Unsere Suche nach dem, was sich vor dem Big Bang abgespielt haben könnte, gründet letztlich auf derselben Idee: Unserer Ansicht nach könnte es eine Art »kosmischen Code« geben, der wie der genetische Code das Universum und seine Entwicklung regelt, begleitet und abstimmt. Vor diesem Hintergrund nimmt das, was Planck »Geist« nennt, eine Gestalt an, die uns ermöglicht, wenigstens ansatzweise zu erahnen, welche Rolle die Information am Nullpunkt der Schöpfung, noch vor der physikalischen Entstehung des Universums, spielte.

Doch wir stehen gerade erst am Anfang einer Entwicklung, die uns von den neuen Ressourcen der Wissenschaft ermöglicht wird. Die oben erwähnten »großen Fragen« werden heute von einer Art »experimenteller Metaphysik« beantwortet, die von den so gewissenhaften »metallenen Astronomen« begründet wurde, die in der Tiefe des Weltraums der Vergangenheit des Universums bis zu seinem Urgrund nachspüren.

Jetzt aber wollen wir uns auf den Weg machen! Unsere Reise verspricht spannend zu werden. Sie beginnt in den ersten Jahren des letzten Jahrhunderts.

Kapitel 2

Das ewige Universum

Was ist wohl die grundlegendste, tiefgreifendste Frage, die Sie sich je gestellt haben? Ist es nicht – um einen Ausdruck Max Plancks aufzugreifen – das größte kriminalistische Rätsel aller Zeiten: Wie nämlich das Universum entstanden ist?

So unglaublich dies auch erscheinen mag: Zu Beginn der Zwanzigerjahre des vorigen Jahrhunderts gab es auf diese Frage nicht nur keine Antwort. Es gab noch nicht einmal jemanden, der sie zu stellen wagte. Weder die Wissenschaft noch der Mann auf der Straße hatten die leiseste Ahnung, wie man sich den *Anfang* des Universums vorzustellen habe. Und niemand versuchte, mehr darüber in Erfahrung zu bringen. Ein Beispiel gefällig? Eines schönen Tages im Januar 1920 lud der französische Präsident Raymond Poincaré (ein Cousin des großen Mathematikers Henri Poincaré) eine Gruppe von Wissenschaftlern zum Diner in den Elysée-Palast. Als einer der Astronomen dem Präsidenten als Gastgeschenk sein neuestes Werk mitbrachte, lächelte dieser nur milde und meinte: »Warum nur geben Sie sich so viel Mühe, das Universum zu vermessen? Jeder weiß doch, dass es unendlich ist!«

Um der Wahrheit die Ehre zu geben, damals dachten all diese Wissenschaftler mit ihren steifen Kragen, dass das Universum unveränderlich und unendlich sei. Doch damit nicht genug: Vor noch nicht einmal hundert Jahren (also nur wenig mehr als einem Menschenalter) gingen die Astronomen noch davon aus, dass unsere Galaxis, die Milchstraße, das ganze Universum sei. Zu jener Zeit konnte sich kein Mensch vorstellen, dass es noch andere Galaxien gibt – andere Milchstraßen –, die noch weiter entfernt liegen als die Sternennebel, die man mit den damaligen Teleskopen sehen konnte. Tatsächlich schien die Erde immer noch im Zentrum des Universums zu liegen, in der Mitte eines stabilen, unbeweglichen Universums, das weder Anfang noch Ende besitzt.

Aber stimmte das denn auch? Gelegentlich stellte der ein oder andere Gelehrte (meist Mathematiker) eine gewagte Hypothese auf. Schon ein Jahrhundert zuvor gehörte zu ihnen der deutsche Astronom Heinrich Olbers.

Eines Nachts im Jahr 1823 geht er unter dem Sternenhimmel spazieren, als ihm eine Ungereimtheit auffällt: Wenn das Universum ewig und grenzenlos ist, wie kann der Himmel zwischen den Sternen dann schwarz sein? Wenn es an einem endlosen Himmel eine unendliche Anzahl von Sternen gäbe, müsste er doch in hellstem Licht erstrahlen! Seltsamerweise kommt die Antwort auf diese Frage Jahre später von einem Mann, von dem man sie kaum erwartet hätte. Es ist der Dichter Edgar Allan Poe, der das Rätsel löst. Für ihn (wie für den Astronomen Arago, der diese These jedoch erst einige Jahre nach Poe aufstellt) ist die Tatsache, dass der Nachthimmel schwarz ist, ein klarer Beleg dafür, dass das Universum eine begrenzte Lebensdauer hat und dass es einen Anfang hat, wie weit in der Zeit dieser auch zurückliegen mag. So drückt Poe sich zumindest in seinem Prosagedicht *Eureka* aus, das er zeit seines Lebens für sein Meisterwerk hält: »Das Gesetz, das wir gewohnt sind, Gravitation zu nennen, beruht darauf, dass die Materie bei ihrem Ursprung in Atomgestalt in eine begrenzte Raumkugel gestrahlt ist, aus einem individuellen, unbedingten, beziehungslosen und absoluten Kern.«[24]

Diese Vision ist einfach überwältigend, denn sie beschreibt den Big Bang. Leider zeitigt sie keinerlei Wirkung. Niemand oder fast niemand schenkt den Gedankengängen von Poe, Olbers und Arago auch nur die geringste Aufmerksamkeit. Man tut sie als »hyperbolischen Unsinn« ab.[25] Sieben Jahre später allerdings wird ein weiterer Schritt getan. Dieses Mal betritt ein ehrfurchtgebietender Denker die Szene: Bernhard Riemann. Ein Mann, den viele für den bedeutendsten Mathematiker des 19. Jahrhunderts halten, einige sogar für den größten aller Zeiten. 1854 – da ist er gerade mal 28 Jahre alt – stellt er an der Universität Göttingen mit leisen, gemessenen Worten etwas vor, das die Wissenschaftler im Auditorium mehr als verblüfft, verstehen sie doch nicht ein Wort von dem, was der junge Mathematiker da erzählt. Doch aus der Rückschau wird deutlich, dass an jenem Tag zum ersten Mal eine moderne Sicht des Universums formuliert wurde. Tatsächlich sind Riemanns Ideen für seine Zeit mehr als ungewöhnlich. Zum einen geht er davon aus, dass das Universum, wenn es eine konstante, positive Krümmung aufweist, aussehen müsse wie eine dreidimensionale Kugeloberfläche, eine »Hypersphäre«, wie Riemann das nennt. Dies ist die Grundlage für Einsteins Vorstellung von einem sphärisch gekrümmten Universum, das endlich und gleichzeitig grenzenlos ist. Wir werden später noch auf diese Vorstellung zurückkommen, die allerlei Entwicklungsmöglichkeiten umfasst.

Riemanns zweite geometrische Großtat besteht in einer Bemerkung, die er mehr oder weniger am Rande in einem Gespräch entwickelt: Der Radius solch einer Hypersphäre stehe fest. Doch, so meint er nebenbei zu einem seiner Gesprächspartner, das heiße nicht, dass er sich nicht mit der Zeit wandeln könne, ohne das Modell der Hypersphäre auch nur im Geringsten zu gefährden!

An diesem Tag im 19. Jahrhundert wurde also die Idee von der Expansion des Universums geboren.

Aber diese zukunftsweisende Vision verschwindet so schnell wieder in der Versenkung, wie sie entstanden ist. Sie wurde einfach zu früh geboren und hatte deshalb keinerlei Einfluss auf das damalige Weltbild. Erst 1912 gerät dieses erneut ins Wanken, als der amerikanische Astronom Vesto Slipher (der im Jahr 1969 mit nahezu hundert Jahren das Zeitliche segnet) am Lowell-Observatorium in Arizona eine dreijährige Studie abschließt, die er im Auftrag von Sir Percival Lowell begonnen hat. Lowell war für seine aufsehenerregenden Beobachtungen der sogenannten »Marskanäle« bekannt, die er sogar fotografisch dokumentierte. Slipher hingegen interessiert sich recht wenig dafür, entdeckt jedoch – mehr oder weniger durch Zufall – etwa ein Dutzend Sternennebel, die sich mit der atemberaubenden Geschwindigkeit von gut eineinhalb Millionen Stundenkilometern von der Erde entfernen. Dies wiederum ist nun eine recht merkwürdige Beobachtung. Ob er sich nicht getäuscht hat? Nichtsdestotrotz beschließt er 1914 nach langem

Zögern, seine Entdeckung seinen Kollegen von der American Astronomical Society vorzustellen. Diese reagieren mit Skepsis. Als Slipher seinen Vortrag beendet hat, herrscht unbehagliches Schweigen. Dann reagieren vereinzelt ein paar Astronomen, die höflich klatschen. Und das war's auch schon. Nicht einer der Anwesenden begreift die ungeheure Tragweite von Sliphers Entdeckung.

Keiner? Nicht ganz: Ein junger Mann steht ganz hinten, rafft schleunigst seine Papiere zusammen und verlässt den Saal. »Wer war das denn?«, fragt der Generalsekretär der Gesellschaft neugierig. »Ein Student«, antwortet der für den Einlass Verantwortliche. »Ein gewisser Edwin Hubble! So schnell wie der davongelaufen ist, wird er es wohl nicht weit bringen.« Keinem der an diesem Tag anwesenden Astronomen ist klar, dass sie an einem historischen Augenblick teilhaben dürfen: der wissenschaftlichen Entdeckung der Expansion des Universums! Doch wie die Vorstellung vom sphärisch gekrümmten Kosmos kommt diese Entdeckung zu früh und wird ins Kuriositätenkabinett der Forschung verbannt.

Dabei gibt es 1917 noch eine Entdeckung zu vermelden, die in dieselbe Richtung weist. Der holländische Astronom Willem de Sitter entwickelt auf der Grundlage der Gleichungen der Relativitätstheorie die Idee, dass das Universum sich ausdehne. Einstein aber meint dazu in einem Brief an de Sitter nur unverblümt: »Die Vorstellung von einem expandierenden Universum stört mich.« Und um keinen Zweifel aufkommen zu lassen, fügt er in einem zweiten Brief hinzu: »Solch eine Möglichkeit erscheint völlig widersinnig!«

Wenn man Anfang der Zwanzigerjahre des letzten Jahrhunderts einen Astronomen fragt, ob es sein könne, dass der Radius des Universums sich verändere, zucken die meisten nur mit den Schultern und fragen, ob jemand denn tatsächlich Sternenhaufen habe wandern sehen. Und Albert Einstein (den die meisten Zeitgenossen für den glänzendsten Wissenschaftler seiner Zeit halten) widerspricht ihnen nicht. Ganz im Gegenteil.

Im Dezember 1922 erhält er dann auch noch den Nobelpreis für Physik (rückwirkend für das Jahr 1921). Er befindet sich auf Reisen und nimmt an der Ehrung am 22. Dezember 1922 nicht teil. Nach der Preisverleihung zählt sein Wort doppelt. Und der Vater der Relativitätstheorie ist fest davon überzeugt, dass das Universum statisch ist! Woher nimmt er nur seine unerschütterliche Gewissheit? Um diese Frage zu beantworten, müssen wir einen Sprung zurück ins Jahr 1917 machen, als der künftige Nobelpreisträger sich mit einer ungewöhnlichen Frage beschäftigt: Welche Form hat das Universum? Wie sieht es aus? Ein Jahr lang rechnet er herum. Nach intensiver Überlegung und Hunderten von Gleichungen kommt er zu dem Schluss: »Die Rechnung ergibt vielmehr, dass sie [die Welt] bei gleichmäßig verteilter Materie notwendig sphärisch sein müsste.«[26] Für Einstein folgt aus diesen Berechnungen: Es ist unvorstellbar, dass der Radius dieses sphärischen Raums veränderlich ist (also kleiner oder größer werden kann). Das Universum wird weder kleiner noch größer. Es existiert in dieser Form seit jeher und für immer und ewig. Und Einstein ist fest davon überzeugt, dass die Idee von einem Anfang des Universums vollkommen unsinnig ist. Ein »Gesicht Gottes«, das sich unter seinen Gleichungen etwa abzeichnen könnte, ist für ihn einfach unglaubhaft.

Und doch wagen einige Astronomen in ihren Labors, das Gegenteil anzunehmen, auch wenn sie dies nicht laut verkünden. Denn warum sollte für das Universum nicht dasselbe gelten wie für den Rest der beobachtbaren Natur? Blumen, Tiere, ja Sterne haben einen Anfang und ein Ende. Warum sollte dies nicht auch auf den Kosmos zutreffen?

Angeführt wird diese Gruppe anonymer kosmologischer Dissidenten von einem jungen russischen Mathematiker und Meteorologen. Der junge Mann bindet sich im Jahr 1905 ein rotes Band um den Kopf und kämpft auf den Barrikaden gegen die kaiserlichen Truppen. Glücklicherweise hat er 15 Jahre später das Bajonett mit der Feder vertauscht. Denn unser Mann läutet eine eigene Revolution ein. Seine Gedanken sind ebenso revolutionär wie weiland jene des Kopernikus. Er wird der Vorstellung vom ewigen Universum ein für alle Mal ein Ende bereiten.

Kapitel 3

Das Ende der Ewigkeit

Die Geschichte beginnt im zaristischen Russland, genauer gesagt in Sankt Petersburg. Wir befinden uns am Beginn des 20. Jahrhunderts. Der Mann, der unser Weltbild, unsere Vorstellung von der Schöpfung, umstürzen wird, heißt Alexander Friedmann.

Kurioserweise scheint von ihm nur ein Foto zu existieren, das ihn als jungen Mann zeigt und das heute überall abgedruckt wird. Natürlich lässt dieses Faktum seine Persönlichkeit noch geheimnisvoller erscheinen. Friedmanns Vater ist Balletttänzer, seine Mutter Pianistin, folglich wäre er für eine künstlerische Laufbahn geradezu prädestiniert gewesen. Aber das verträumte Kind zeigt in der Schule von Anfang an eine seltene Begabung fürs Rechnen. An der Tafel löst er in Windeseile die kompliziertesten Aufgaben. Als junger Mann ist er nicht nur perfekt in Latein und Griechisch, sondern spricht auch Deutsch, Englisch und Französisch (was dazu führt, dass er alle Aufsätze und Artikel, die ihm in die Finger geraten, geradezu verschlingt). Als man ihm die Goldmedaille seines Gymnasiums überreicht, dankt er dem Direktor mit den Worten: »Gott lehrt die Kinder.«

Der extrem schüchterne Junge wird nur mutig, wenn es um die Mathematik geht. In dieser Hinsicht lässt er sich von niemandem ein X für ein U vormachen. Im zarten Alter von 17 Jahren legt er – zusammen mit einem seiner Klassenkameraden – dem großen Mathematiker David Hilbert, der von seinem Lehrstuhl in Göttingen aus die Welt das Fürchten lehrt, einen Fachaufsatz über die Bernouilleschen Zahlen vor, über ein höchst komplexes mathematisches Problem also. Und seine Lehrer erleben voller Überraschung, dass Hilbert den Aufsatz annimmt und ihn 1906 in den *Mathematischen Annalen* veröffentlichen lässt, die zu jener Zeit eine der renommiertesten Fachzeitschriften auf diesem Gebiet sind. Dass er 1906 das Studium an der Petersburger Universität beginnen kann, ist für Friedmann eine reine Formalität. 1907 wird er in das Seminar des später berühmt gewordenen österreichischen Physikers Paul Ehrenfest aufgenommen. Wer aber ist Ehrenfest? Einstein (der seit 1911 zu seinen Freunden zählt) meint über ihn, er sei einer der glänzendsten Pädagogen, die die Physik je gehabt habe.

Doch auch Ehrenfest selbst hat das Glück gehabt, auf einen großartigen Lehrer zu treffen: Ludwig Boltzmann, einen absoluten Ausnahmephysiker. Der an einem Faschingsdienstag geborene Wiener Boltzmann formuliert 1884 das Schwarzkörper-Strahlungsgesetz. Achtzig Jahre später wird dieses Gesetz den Physikern Wilson und Penzias helfen, das Echo des Big Bang zu bestimmen. Einsteins Meinung nach hat Boltzmann »die wichtigste Gleichung der Wissenschaft« aufgestellt. Auch diese Entdeckung ist – wie wir noch sehen werden – eine Schlüsselerkenntnis im Verständnis des Universums.

Ehrenfest also ist Boltzmanns Schüler und wird später zum einflussreichsten Lehrer Alexander Friedmanns. Die Seminaristen ziehen sich Abend für Abend mit ihrem Lehrer zur Diskussion zurück, die häufig laut wird und bis in die frühen Morgenstunden dauert. Es geht dabei um eine Wissenschaft, die

Boltzmann begründet hat: die sogenannte »statistische Mechanik«. Natürlich spricht man auch über eine damals noch ganz neue Theorie: die spezielle Relativitätstheorie. Friedmann weiß es noch nicht, aber all diese lehrreichen Erfahrungen werden ihn später in die Lage versetzen, als Erster das Licht des Big Bang in den Tiefen des Weltraums zu sehen.

Wir schreiben mittlerweile das Jahr 1922. Friedmann, mit glatt geschnittenem Bart und runder Nickelbrille, ist gegen seinen Willen Beamter des Sowjetregimes geworden. Er teilt seine Tage auf zwischen der Universität von Leningrad (heute wieder Sankt Petersburg), dem Aeronautischen Institut, der Seefahrtsakademie und dem Geophysikalischen Observatorium. Überall dort gibt er Kurse, Seminare und widmet sich seinen Forschungsarbeiten. Er hält viel von seinen Studenten und findet, sie seien »besser als zu Zeiten des Zaren«. Vor allem einer von ihnen zeigt Anzeichen einer besonderen Begabung. Der blonde, strubbelköpfige Junge ist ein munterer Bursche, der immer einen Scherz auf den Lippen hat. Nach den Kursen belagert er Friedmann geradezu und stellt ihm tausend Fragen. Sein Name ist George Gamow. Auch er weiß noch nicht, dass er wie sein Mentor einst zum Helden des großen Epos um den Big Bang werden wird. Er ist zweifelsohne eine der schillerndsten Persönlichkeiten, die sich dieses Themas annehmen.

Im Augenblick aber nutzt Friedmann jede Atempause, um Fachaufsätze aus dem Ausland zu lesen. Nur langsam erholt er sich vom Krieg, den er als Bombenspezialist an Bord eines Flugzeugs erlebt hat.

Doch 1922 wird für Friedmann ein ungewöhnliches Jahr. Zum einen veröffentlicht er endlich seine Magisterarbeit (neun Jahre, nachdem er sie vor dem universitären Prüfungsgremium verteidigt hat). Für ihn ein großes Ereignis. Aber da geschieht noch etwas anderes. Friedmann entdeckt eine Theorie, die in Russland noch nicht bekannt ist. Er liest einen mit Gleichungen gespickten Aufsatz und sieht sich mit Ideen konfrontiert, die immer beunruhigender werden. Er kann das Buch gar nicht mehr aus der Hand legen. Sein Autor ist ein deutscher Physiker, dessen Namen er schon vor 15 Jahren in einer Vorlesung von Ehrenfest gehört hat: Albert Einstein.

Tag für Tag vertieft er sich in die Lektüre. Seine Kollegen im Büro, die ihm gelegentlich über die Schulter schauen, begreifen nicht einmal ansatzweise, was all die Formeln bedeuten. Friedmann aber genießt diesen ungewöhnlichen Ausblick auf das Universum. Er liest sich fest in der Beschreibung der allgemeinen Relativitätstheorie, die völlig neue Thesen über das Funktionieren des Kosmos aufstellt.

Aber es gibt da etwas, das ihm keine Ruhe lässt; irgendetwas stört ihn an der Lösung, die Einstein für seine Gleichungen gefunden hat. Der große Physiker hat nämlich, sozusagen per Hand, eine physikalische Größe eingeführt, die er als »kosmologische Konstante« bezeichnet. Und ebendiese ist es, die Friedmann den Schlaf raubt, denn diese scheinbar so unschuldige Zahl hat unabsehbare Konsequenzen: Entspräche sie der Realität, würde dies bedeuten, dass das Universum unbeweglich verharrt, auf Ewigkeit festgebannt. Und das, so meint er und wiederholt es jedem, der es hören will, ist in etwa so wahrscheinlich wie ein Bleistift, der unbewegt auf seiner Spitze balanciert!

Zutiefst erschüttert entdeckt der russische Mathematiker, dass Einsteins Universum nur als eine dreidimensionale Kugeloberfläche denkbar ist, deren Radius mithilfe der ominösen kosmologischen Konstante für immer gleich bleibt.

Nein, diese Lösung gefällt Friedmann nicht. Und so macht er sich an eine Aufgabe herkulischen Ausmaßes: Er will die exakte Lösung für die Gleichungen der Relativitätstheorie finden. Die Berechnungen sind ungeheuer komplex, aber nach zahllosen durchwachten Nächten und leidenschaftlichen Diskussionen mit seinem Vertrauten Yuri Krutkov findet er schließlich etwas. Seine Schlussfolgerungen sind umwerfend. Er veröffentlicht sie im Juni 1922 in der *Zeitschrift für Physik*, der meistgelesenen physikalischen Fachzeitschrift jener Zeit. Dann schreibt er sein epochales Werk: *Die Welt als Raum und Zeit*, auf Russisch publiziert im Jahr 1923. Ein wunderbarer Titel, der die Vision des Autors klar ausdrückt. Seine wenigen Zeitgenossen, die das Werk lesen, finden darin eine erstaunliche Feststellung: Das Universum, so Friedmann, habe einen *Anfang* gehabt. Es sei vor einigen Milliarden Jahren entstanden. Und noch verblüffender: Zum Zeitpunkt seiner Entstehung sei es auf einen Punkt (von einem Volumen gleich null) kontrahiert gewesen. Von diesem Moment an habe sein Radius ständig zugenommen.[27]

Ein Punkt mit einem Volumen gleich null am Ausgangspunkt des Kosmos! Ein schlichter Punkt ohne Ausdehnung. Hört sich das nicht grotesk an? Oder zumindest ziemlich verrückt? Der Ursprung von allem soll also eine »Explosion« vor Milliarden von Jahren gleichsam aus dem Nichts heraus gewesen sein? Wie kann man auch nur denken, das Universum mit seinen zahllosen Sternen habe seinen Ursprung in einem Punkt gehabt? Das ist nun wirklich zu viel! Einstein stehen die Haare zu Berge. (Wenn man seinen Zeitgenossen glauben will, knüllte er Friedmanns prophetischen Artikel wütend zusammen und trampelte darauf herum.) Wie konnte dieser junge Russe es wagen, in Einsteins »Hauszeitschrift« diesen Unsinn zu veröffentlichen. Immer noch aufgebracht schickt er seine »Bemerkungen zu der Arbeit von A. Friedmann« (die Vladimir Fock, ein Schüler Friedmanns, als »verletzend« bezeichnet) an die Redaktion der *Zeitschrift für Physik:* Die Resultate im Hinblick auf das nichtstationäre Universum erschienen ihm »sehr verdächtig« und »nicht verträglich« mit den Feldgleichungen.

Für Friedmann ist das ein schrecklicher Schlag. Er schreibt Einstein immer wieder, schickt ihm durch Mittler Botschaften, bittet ihn um ein Treffen – vergeblich. Der junge Russe weiß noch nicht, dass er den Mann, den er auf der Welt am meisten bewundert, niemals persönlich kennenlernen wird. Alles scheint verloren. Erst ein Jahr später, im Mai 1923, zeigt sich ein schwacher Hoffnungsschimmer. Dem Physiker Yuri Krutkov, den Friedmann zum Boten macht, gelingt es, sich mit Einstein in Leiden zu treffen, wo beide die bewegende Abschiedsrede des legendären Physikers Hendrik Lorentz (der 1902 den zweiten Nobelpreis der Geschichte erhalten hatte) hören. Nach der Zeremonie begegnen sich Krutkov und Einstein im Haus Paul Ehrenfests wieder (der 1910 in Petersburg zu Friedmanns bevorzugten Professoren gehört hatte). Nach Stunden heftiger Diskussionen, bei denen der von Einstein geschätzte Paul Ehrenfest eine nicht geringe Rolle spielt, gibt der große Physiker schließlich nach. Er erkennt an, dass die »merkwürdigen« Schlussfolgerungen seines russischen Widersachers nicht einer gewissen Fundiertheit entbehren. Am 18. Mai 1923 schreibt Krutkov begeistert an seine Schwester: »Ich habe Einstein in dem Disput mit Friedmann einfach mit Argumenten zu Boden gerungen. Die Ehre Sankt Petersburgs ist gerettet!«[28]

Doch mochten die Berechnungen des jungen Russen auch darauf hindeuten, dass das Universum sich ausdehnte, im Stillen war der Vater der Relativitätstheorie trotzdem davon überzeugt, dass dies ein Hirngespinst sei und keinerlei Sinn ergebe.

Friedmann aber hat nichts weniger entwickelt als eine neue Sicht aufs Universum, eine Sicht, die ebenso revolutionär ist wie die von Kopernikus. Leider stirbt der große Denker schon am 16. September 1925 im Alter von 37 Jahren. Er wird den Seinen durch ein plötzlich einsetzendes Fieber entrissen und lernt sein letztes Kind nie kennen. Kurz zuvor unternimmt er noch eine gefährliche Ballonfahrt, die ihn in die Stratosphäre tragen soll – ohne Sauerstoff, ohne Schutz, in mehr als 7400 Höhenmeter. Friedmann stellt damit einen Rekord auf, doch die eisige Luft dort oben greift seine Lungen an. Jeder Atemzug bei –50 °C bringt ihn seinem Ende näher. Von dieser Ballonfahrt, die er zu wissenschaftlichen Zwecken unternimmt, hat er sich nicht mehr erholt.

Und die Fackel wird an eine neue Generation weitergereicht.

Kapitel 4

Das Uratom

Wir schreiben das Jahr 1927. Fünf Jahre sind seit der spektakulären Auseinandersetzung zwischen Einstein und Friedmann vergangen. Nun betritt ein junger belgischer Priester, Abbé Georges Lemaître, die Szene. Auch er hat sich nur mit Mühe von den Schrecken des Krieges erholt, wo er mit einem *Croix de Guerre* mit Palmenzweig ausgezeichnet worden ist. Während er seinen Seelenfrieden erst in der Religion wiederfindet, erlangt er geistigen Frieden in den Gefilden der höheren Mathematik.

1920 macht er sich an eine Arbeit über die Riemannsche Zetafunktion, mit der er an der katholischen Universität Löwen promovieren will. Die Zetafunktion entreißt dem Reich der Primzahlen wenigstens einige seiner Geheimnisse. Doch das Thema erweist sich als extrem kompliziert. 1900 schaffte es die Zetafunktion auf die berühmte Liste der ungelösten Probleme der Mathematik, die der deutsche Mathematiker David Hilbert aufgestellt hatte. Die Zetafunktion steht heute noch auf der vom Clay Mathematics Institute erstellten Liste der Millenniumsprobleme, was auch kein Wunder ist. Trotz erheblicher Bemühungen scheitert Lemaître an der Lösung des Problems. Er rechnet und rechnet, vergisst zu essen (manchmal sogar zu beten) und ... erreicht nichts. Also verzichtet er auf die Arbeit und wendet sich einem neuen Thema zu: der *Näherung von Funktionen mehrerer reeller Variablen.* Allein der Titel zeigt uns, wie sehr der junge Kanoniker die Welt der Zahlen (und nicht der Predigten) zu schätzen weiß. Dieses Mal hat er Erfolg. Im Jahr 1920 erhält er die Doktorwürde seiner Universität. 1923 tut er einen zweiten, für ihn wichtigen Schritt: Er legt die Ordensgelübde ab. Von diesem Moment an wird er als Mitglied der *Gesellschaft Jesu* das Ordensgewand nicht mehr ablegen.

Aber Lemaître studiert und forscht weiter, zuerst an der berühmten Universität Cambridge. (Er arbeitet dort am Sonnenobservatorium mit Arthur Eddington zusammen, der Einsteins Relativitätstheorie durch Beobachtung »bewies«.) Später zieht er ans nicht minder berühmte Massachusetts Institute of Technology (MIT) weiter, wo er eine zweite Doktorarbeit in Physik verfasst und 1926 einreicht. Das Thema der Arbeit ist die Berechnung des Gravitationsfeldes einer Fließkugel von gleichmäßiger Dichte. Wie wir sehen, nähert er sich seinem Modell eines expandierenden, sphärisch gekrümmten Universums allmählich an. Doch einige Puzzlestücke fehlen ihm noch. Und was zieht er letztlich dazu heran? Dieses faszinierende Modell, von dem damals die ganze Welt spricht: die allgemeine Relativitätstheorie.

Lemaîtres Leidenschaft ist weniger die abstrakte Mathematik, wie dies bei Friedmann der Fall war. Doch anders als dieser verfügt er über ein nahezu intuitives Verständnis physikalischer Aspekte. Und so verschreibt er sich mit Leib und Seele seinen Gleichungen. Bald stapeln sich Hunderte von Seiten mit seiner unleserlichen Schrift in seinem Büro an der Universität Löwen. Und schließlich findet er eines Morgens die erhoffte Lösung.

Er veröffentlicht sie sofort im Jahrbuch der *Société Scientifique* von Brüssel. Er hat nie auch nur eine Zeile von dem gelesen, was Friedmann fünf Jahre vor ihm publiziert hat, und kommt trotzdem zu denselben Schlüssen: Das Universum ist nicht statisch. Es kann nicht statisch sein. Wann immer möglich, teilt Lemaître seine Einsichten mit dem Prälaten von Löwen, einem stets lächelnden Priester, der sich zwischen Staunen und Unglauben hin- und hergerissen sieht. Ihm vertraut er heimlich an: »Der Kosmos expandiert. Er dehnt sich ins Unendliche aus.«

Doch eine große Hürde bleibt ihm noch zu nehmen: Er muss Einstein überzeugen. Die Gelegenheit dazu bietet sich bald. Denn auf der wichtigen Solvay-Konferenz treffen sich seit 1911 alle drei Jahre die international führenden Physiker in Brüssel. Der Kongress von 1927 hat auf Initiative von Niels Bohr die Quantenphysik zum Thema. Mehr als die Hälfte der Teilnehmer sind Nobelpreisträger. Einstein ist selbstverständlich mit von der Partie. Lemaître sorgt also dafür, dass er eingeladen wird, und lernt Einstein dort endlich kennen. Doch der sonst so umgängliche Einstein zeigt an diesem Tag die Zähne. Die Erklärungen des jungen Priesters scheinen ihn aufzubringen, und so erklärt er: »Ihre Berechnungen stimmen, aber Ihr physikalisches Verständnis ist erbärmlich.«

Zunächst reagiert Lemaître darauf wie Friedmann: Er ist zutiefst schockiert. Erbärmlich? Was kann der große Physiker damit nur meinen? Nun, die Antwort darauf ist recht simpel. Da ist zuerst dieser junge Russe, und dann kommt auch noch ein belgischer Mathematiker (der zu allem Überfluss Priester ist) mit dieser – ausgesprochen lästigen – Idee, dass das Universum nicht ewig ist. Einstein nämlich weiß besser als jeder andere, welche Konsequenzen Lemaîtres Idee hätte: Wenn er recht hat, muss das Universum einen *Anfang* haben, der weit in der Vergangenheit liegt. Dann allerdings ist nicht nur die Materie quasi aus dem Nichts entstanden, sondern dasselbe muss auch für den Raum und die Zeit gelten! Eine Vorstellung, die Einstein entschieden ablehnt. Doch glücklicherweise gibt es noch keinerlei Beobachtung, die dieses Modell eines dynamischen Universums bestätigen würde. Die verrückten Ideen von Friedmann und Lemaître gehören für ihn ins Kuriositätenkabinett der Mathematik. Die Wirklichkeit jedenfalls sieht anders aus.

Allerdings nicht mehr lange.

Denn im fernen Amerika gibt es einen Astronomen, der unablässig den Himmel beobachtet. Nacht für Nacht. Er wird eine Entdeckung machen, die er zunächst selbst für Unsinn hält. Und doch, es gibt keinen Zweifel: Was er beobachtet, ist die Wirklichkeit. Und seine Beobachtungen werden alles, was man bis dahin über das Universum glaubt, einfach über den Haufen werfen. Aufgrund seiner Arbeit wird die Menschheit zum ersten Mal Einblick in eines der tiefsten Mysterien des Kosmos erhalten.

Kapitel 5
Das tiefgründigste Geheimnis des Kosmos

Mittlerweile schreiben wir Januar 1929. Wir befinden uns hoch oben in den San Gabriel Mountains in Kalifornien. Auf dieser Höhe ist es meist recht kalt, fast so kalt wie vierzig Jahre zuvor im schrecklichen Winter 1889. Seit einigen Tagen kämpft das Feuer des Kohleofens in dem kleinen Büro gegen einen Sturm an, der vor den Fensterscheiben tobt. Doch das kann den Mann im großen Sessel nicht davon abhalten, Tag für Tag Seite um Seite mit schwarzen Krakeln zu füllen.

Seit der stürmischen Begegnung zwischen Einstein und Lemaître sind zwei Jahre vergangen. Keiner der beiden ist von seiner Position abgerückt. Amerika und die Welt werden von der schlimmsten Wirtschaftskrise der Geschichte geschüttelt. Doch der amerikanische Astronom Edwin Hubble lässt sich dadurch nicht von seiner Arbeit abbringen. Denn er bemüht sich schon seit Jahren, in seinem Observatorium auf dem Mount Wilson in 1700 Meter Höhe den Beweis dafür zu erbringen, dass das, was er beobachtet hat, der Wahrheit entspricht. Er will den Fachaufsatz über seine Entdeckung endlich fertigstellen.

Lange zuvor, im ersten Jahrzehnt des 20. Jahrhunderts hat der sportlich-elegante junge Mann noch keine so rechte Vorstellung davon, was er im Leben einmal machen möchte. Astronomie? Nie gehört! Wenigstens so gut wie nie. Seine Kenntnisse in dieser Disziplin stammen aus der Lektüre der Science-Fiction-Romane von Jules Verne oder Henry Rider Haggard. Im Moment allerdings verbringt er seine Zeit hauptsächlich mit Boxen (was er liebt), Hochsprung (hier bricht er den Rekord des Staates Illinois) und Basketball (wo er um keinen Preis der Welt ein Match mit seinen Freunden von der Universität Chicago versäumen würde).

Dann aber blitzt zum ersten Mal ein deutliches Zeichen seiner Intelligenz auf: Er gewinnt ein Stipendium für die renommierte englische Universität Oxford. Davon träumen doch alle jungen Amerikaner aus guter Familie! Wird er dort etwa Astronomie studieren? Weit gefehlt. Er schreibt sich – wie sich das gehört (und dem Wunsch seines Vaters entspricht) – für Jura und Spanisch ein. Drei Jahre später kehrt er mit dem Abschluss in der Tasche nach Amerika zurück. In England hat er sich eine hochnäsige Attitüde zugelegt und einen hochgradig britischen Kleidungsstil, was seine amerikanischen Kollegen oft verärgern wird.

Nach seinem Aufenthalt in Großbritannien lässt er sich in Louisville, im tiefsten Kentucky, als Anwalt nieder. Dort hätte er ein trübsinniges, aber ruhiges Leben führen können (was allerdings die Geschichte der Astronomie und in deren Gefolge auch die Ihre ziemlich beeinträchtigt hätte). Doch zwischen den Aktenbergen auf seinem Schreibtisch und den stets gereizten Klienten stellt Hubble recht schnell fest, dass seine Zukunft nicht im Anwaltsberuf liegt. »Ich kann nicht mehr!«, vertraut er bald einem seiner früheren Kameraden an. An dieser Stelle sollte man vielleicht erwähnen, dass er in letzter Zeit eine gewisse Leidenschaft für den nächtlichen Himmel entwickelt hat, den er mit einem schlichten Fernglas beobachtet. Um zu verstehen, was dieses ihm zeigt, beginnt er, alle Aufsätze über Astronomie zu lesen, deren er habhaft wird. Und so fällt es ihm schließlich wie Schuppen von den Augen: Er will sich als Astronom betätigen, nicht mehr, aber auch nicht weniger! Vier Jahre später erklimmt er die höchste Stufe der Leiter und empfängt an der Universität von Chicago seinen Doktortitel der Astronomie.

Von diesem Augenblick an geht alles ziemlich schnell.

Anfang der Zwanzigerjahre kommt er nach Kalifornien und begibt sich sofort zu dem berühmten Observatorium auf dem Mount Wilson. Dort lernt er einen Mann kennen, der ihm im Laufe der Zeit zur unschätzbaren Hilfe werden wird – ein gewisser Milton Humason, ein seltsamer Kauz! Mit 14 Jahren ist er von der Schule abgegangen. Um die Jahrhundertwende erkundet er den Mount Wilson mit seinen Maultieren. Als dann das Observatorium errichtet wird, hilft er beim Bau. Er transportiert per Maultier Steinblöcke und Balken hinauf und rackert sich dabei ziemlich ab. Glücklicherweise ist die Schinderei 1917 vorbei: Er wird zum Hausmeister und Wachmann des Observatoriums ernannt. Er ist sich für nichts zu schade. Meist finden ihn die Astronomen auf dem Boden kniend vor, wo er das Parkett wienert. Eines Tages allerdings kommt ihm eine Idee. Könnte er nicht Nachtwächter am Observatorium werden? Wider Erwarten hat der Direktor nichts dagegen.

Diese Entscheidung wird Miltons Leben verändern. Denn er

steigt bald vom Nachtwächter zum Nachtassistenten der Astronomen auf! Er bereitet die fotografischen Platten vor, legt die Instrumente zurecht und – und das ist seine verantwortungsvollste Tätigkeit – stellt das Teleskop ein, das zu seiner Zeit mit einer Öffnung von 2,54 m (100 Zoll) das größte der Welt ist. Für ihn ist der Moment, wenn die große Kuppel des Observatoriums sich öffnet, ein einzigartiger, ja beinahe religiöser Augenblick. Er kann es gar nicht erwarten, dass es Nacht wird. Jeden Tag bereitet er sich sorgfältig auf seinen Dienst vor. Steinblöcke und Maultiere sind in weite Ferne gerückt. Sobald er nur ein bisschen Zeit erübrigen kann, geht er in die Bibliothek und liest alles über Astronomie, was er nur finden kann. Jeden Tag lernt er ein bisschen mehr, studiert eifrig und vertieft seine Kenntnisse. Menschen, die ihn von früher kennen, erkennen ihn kaum wieder, denn meist weiß der alte Maultiertreiber mehr als sie!

Dabei ist er immer bester Laune und ist sich nie zu schade, anderen zur Hand zu gehen. Doch da er so unglaublich geschickt und präzise im Beobachten ist (er hat eine seltene Begabung für die Bedienung des Teleskops), wird er bald zur Stütze für das ganze wissenschaftliche Personal. 1919 geschieht dann das Unfassliche: In einer feierlichen Zeremonie, wie es sie nur in Amerika geben kann, ernennt der Direktor des Observatoriums, George Ellery Hall, den einstigen Maultiertreiber Milton Humason zum Astronomen am Mount-Wilson-Observatorium, der damals größten Sternwarte der Welt. Die Astronomen nehmen ebenso bewegt wie bewundernd an dieser Feier teil, denn so etwas hat die Welt noch nicht gesehen. Der Maultiertreiber ohne Schulbildung oder gar Doktortitel ist *Astronom* geworden. Dieses Ereignis wird in der Geschichte wohl einzigartig bleiben. Und doch folgt die Wissenschaft manchmal seltsamen Bahnen. Zufall? Wir neigen zu der Annahme, dass sie ihren Weg zu jenen sucht, die besonders offen dafür sind. Denn was hätte Hubble ohne Humason angefangen? Schwer zu sagen. Denn Hubble wird für die Urknalltheorie sehr wichtig sein.

Als Hubble am Observatorium ankommt, geht er, von dem höchst sorgfältigen Humason unterstützt, sofort an die Arbeit und macht 1924 – im Alter von nur 34 Jahren – eine bahnbrechende Entdeckung. Bis zu diesem Zeitpunkt war die Vorstellung, die man sich allgemein vom Universum machte, recht simpel, um nicht zu sagen naiv. Das Universum? Das war doch nicht mehr als die Milchstraße! Kaum vorstellbar, dass es tatsächlich andere Galaxien geben konnte außer der unseren. Und siehe da, vom Mount Wilson schallt es wie Donnerhall: Die Beobachtungen Hubbles und Humasons zeigen eindeutig, dass das Universum keineswegs aus nur einer Galaxie besteht, sondern dass es deren Abertausende (vielleicht gar Millionen) gibt. Als die Entdeckung am 1. Januar 1925 (sozusagen als gutes Omen für das neue Jahr) verkündet wird, ist die Welt sprachlos. Der Kosmos ist also viel größer als bisher angenommen.

Und doch sollte Hubble 1929 eine noch wichtigere Entdeckung machen. Denn er hatte den Vortrag Sliphers vor der American Astronomical Society vor nahezu 15 Jahren nicht vergessen. Das Bild von den Sternennebeln, die sich ins Weltall hinauszubewegen schienen, war ihm nie so recht aus dem

Kopf gegangen. Außerdem hatte er 1928 während eines Kongresses in Holland Willem de Sitter kennengelernt, dessen Modell eines dynamischen Universums ihn faszinierte. Und so hatte er sich darangemacht, Licht in diese Geschichte vom bewegten Universum zu bringen.

Nacht für Nacht beobachtet er zusammen mit Humason an seinem riesigen Teleskop den Himmel und sammelt Informationen, Fotoplatten, Berechnungen. Hubble misst die Distanzen, während Humason die Bewegung der Sternennebel zu entschlüsseln versucht. Als sie sich endlich einen Reim darauf machen können, sind beide von Erschöpfung und Schlafmangel sichtlich gezeichnet. Doch das Resultat ihrer Mühen ist absolut unfassbar. Die Spektrallinien lassen keinen Zweifel zu: Die Galaxien verharren keineswegs am selben Punkt, wie man immer dachte. Vielmehr vergrößert sich der Abstand zwischen ihnen mit rasender Geschwindigkeit. Was kann das wohl bedeuten? Die Astrophysiker sind sich diesbezüglich schnell im Klaren. Es sind nicht die Galaxien, die sich bewegen, sondern es ist der Raum selbst, der sich ausdehnt! Das ganze Universum strebt auseinander! Damit aber bricht das alte Weltbild zusammen. Die Entdeckung von Hubble und Humason bringt den so lange ersehnten Beweis, dass das Universum – ganz im Gegensatz zur damals herrschenden Meinung – nicht statisch ist. Dass es dies nie war und niemals sein wird. Dass es in jedem Augenblick expandiert und sich ins Unendliche ausdehnt.

Zum ersten Mal gab es also eine Beobachtung, die belegte, dass das Universum möglicherweise einen Anfang hatte, dass Friedmann recht gehabt hatte und dass Lemaître die unerfreuliche Begegnung mit Einstein getrost vergessen konnte. Von nun an werden Lemaîtres Ideen salonfähig, Wissenschaftler in aller Welt diskutieren sie. 1931 endlich können sie sie auf Englisch in der renommierten Zeitschrift *Nature* nachlesen. Später schreibt Lemaître in *Hypothèse de l'atome primitif:* »Die Entwicklung des Universums kann man mit einem soeben beendeten Feuerwerk vergleichen: ein paar kärgliche Reste, Asche und Rauch. Auf einem stark abgekühlten Aschehaufen stehend beobachten wir das allmähliche Verlöschen der Sonnen, und wir versuchen, uns des entschwundenen Glanzes des Ursprungs der Welten zu erinnern.«[29]

Was hält wohl Einstein von dem Ganzen? Hubbles Entdeckung verblüfft ihn. Und doch lässt er sich von den Neuentdeckungen nicht aus der Fassung bringen und lehrt in Berlin noch zwei lange Jahre sein altes stationäres Weltbild, bevor er umdenkt. 1931 nimmt er Hubbles Einladung ins Mount-Wilson-Observatorium an, das von einem Tag auf den anderen weltbekannt geworden ist. Dort bestätigen ihm vor Ort alle Astronomen – Hubble und Humason an der Spitze –, dass das Universum sich tatsächlich in jeder Sekunde ausdehnt!

Das ist der Todesstoß für Einsteins Vorstellungen. Nun, im Nachhinein, muss er dem russischen Denker recht geben. »Friedmann war der Erste, der in diese Richtung dachte«, gesteht Einstein ein und hegt künftig für den jungen Mann eine Bewunderung, die er zeit seines Lebens beibehalten wird. Und was sagt er zu Lemaîtres Arbeit? »Dies ist die bei Weitem schönste und befriedigendste Erklärung der Schöpfung, die ich je gesehen habe.« Von diesem Moment an wird es schwierig, dem Siegeszug der neuen Theorie noch etwas in den Weg zu legen. Die Schlussfolgerung drängt sich geradezu auf: Materie, Raum und Zeit haben *gleichzeitig* begonnen! Und plötzlich tritt Einstein, ohne es zu wollen, in die Fußstapfen des großen Theologen und Philosophen Augustinus.

Geboren 354 im heutigen Algerien, wurde der Kirchenvater gegen Ende des 4. Jahrhunderts zum Bischof von Hippo ernannt. Der Visionär schrieb zu Beginn der langen Nacht des Mittelalters in einem seiner Briefe, dass »die ganze Schöpfung nicht vor den Zeiten, sondern erst von Zeitbeginn an existiert. Mit ihr beginnen die Zeiten, denn sie ist ja der Anfang der Zeiten.«[30] Genau dasselbe wird Einstein 1500 Jahre später sagen. Und aus ebendiesem Grund wird sich später die Vorstellung einprägen: Wenn es etwas vor der Entstehung von Raum, Zeit und Materie gegeben haben sollte, gleichsam einen »Zeitraum« vor dem Urknall, dann fällt dieser nicht ins Ressort der Wissenschaft, sondern in das der Metaphysik (oder gar der Mystik).

Doch an dieser Stelle stoßen wir auf einen weiteren Protagonisten des aufregenden Dramas um die Urknalltheorie. Es ist kein Zufall, dass es sich dabei um einen Schüler Alexander Friedmanns handelt, nämlich um den jungen und genialen Russen, den wir Ihnen bereits vorgestellt haben: George Gamow. Beeinflusst von seinem großen Mentor, erzählt Gamow jedem, der es hören will – seien es nun seine Kollegen oder auch nur der

Hausmeister –, vom Urknall und dem, was davor war. 1944 veröffentlicht er sein Buch *The Creation of the Universe,* in dem er vorschlägt, die Zeit vor dem Urknall nach dem heiligen Augustinus zu benennen. Er schreibt: »Man kann über die vormaterielle Epoche des Universums nicht viel aussagen, über diesen Zeitraum, den man mit Fug und Recht die ›Ära des heiligen Augustinus‹ nennen könnte.«[31] Eine sehr elegante Art, auszudrücken, dass das, was vor dem Anfang war, ein Rätsel ist, das nur Gott auflösen kann.

Im Jahr 1948 veröffentlicht er zwei Artikel, die Geschichte machen sollten, und arbeitet federführend mit an einem dritten, den seine beiden Schüler Ralph Alpher und Robert Herman schreiben. Zum ersten Mal wird hier konstatiert, dass die Explosion, aus der das Universum entstand, notwendigerweise Spuren hinterlassen haben muss, eine Art Strahlung von äußerst niedriger Temperatur (höchstens ein paar Grad über dem absoluten Nullpunkt). Diese Strahlung müsse als Echo der Urexplosion gleichermaßen das ganze Universum durchziehen.

Ohne dass es ihnen bewusst ist, haben Gamow, Alpher und Herman damit den theoretischen Rahmen für das Puzzlestück gefunden, das noch fehlt: die fossile Hintergrundstrahlung. Gamow ahnt, dass sich im Herzen des ersten Lichtstrahls das letzte Geheimnis verbirgt. Das Geheimnis der Entstehung des Universums.

Kapitel 6
Und es ward Licht

Der Mann tritt an den Schreibtisch, an dem ein anderer sitzt. Er hüstelt ein wenig, um die Aufmerksamkeit des Mannes zu erregen, der ihm den Rücken zudreht.

»Äh... darf ich mich setzen?«

Der andere deutet mit der Hand auf einen Stuhl, mehr oder weniger ohne den Kopf von seinen Berechnungen zu heben.

»Na, Ralph«, fragt er freundlich. »Wie weit bist du denn?«

Ralph rückt seine Brille zurecht und setzt sich, wobei er sorgsam den Stuhl verschiebt, damit er nicht in der Sonne sitzt. Dann wartet er, bis sein Gegenüber ihn ansieht, ehe er antwortet:

»Ich habe die neue Fassung des Artikels fertig. Ich glaube, ich kann überzeugend zeigen, dass es durchaus möglich sein muss, die Strahlung aus der Urgeschichte des Universums nachzuweisen.«

Schweigen. Der andere schiebt zwei oder drei Umschläge auf dem Schreibtisch hin und her. Dann sagt er mit unverhohlenem Spott in der Stimme: »Und die Berechnungen? Du weißt ja, dass man heute alles nachrechnen muss. Man kann nicht einmal ein Taxi nehmen, ohne vorher zu berechnen, was es wohl kosten wird.«

Ralph sackt ein wenig in sich zusammen. Ganz wohl ist ihm noch nicht. Über diese Berechnungen hatte er eigentlich nicht reden wollen. Sein Doktorvater hatte ihn immer durch die Klarheit seiner Ideen beeindruckt. Aber er weiß auch, dass der russische Physiker die Berechnungen seiner Schüler über den Anfang des Kosmos schamlos für sich ausgenutzt hat. Als Doktorvater sucht er sich die besten Gleichungen aus, gibt ihnen den letzten Schliff und baut sie dann in einen Aufsatz ein, damit er sie veröffentlichen kann. Und so zögert Ralph ein wenig, bevor er antwortet:

»Hm ... ich glaube, ich habe gute Beweisgründe gefunden.«

Der andere schiebt die Papiere mit seiner großen Hand weg: »Beweisgründe? Ich will schöne Gleichungen. Ohne sie ist das Ganze nichts wert! Magst du Kürbissuppe?«

Ralph kennt die Gedankensprünge seines Doktorvaters. Der liebt es, unvermittelt das Thema zu wechseln und damit seine Gesprächspartner zu verblüffen.

»... ich jedenfalls krieg sie nur mit massenhaft Brot hinunter. Wenn dein Aufsatz keine Gleichungen enthält, dann ist das wie Kürbissuppe ohne Brot.«

Ralph zieht sein Taschentuch hervor, schnäuzt sich umständlich und lässt den Blick dabei aus dem Fenster schweifen.

»So einfach ist das nicht«, entgegnet er. »Das weißt du ganz genau. Herman und ich arbeiten seit zwei Wochen an nichts anderem.«

Gamow zuckt mit den Schultern. Er erhebt sich und setzt sich auf seinen Schreibtisch.

»Jetzt zieh doch nicht solch ein Gesicht! Wenn du mir deinen Aufsatz vor Samstag gibst, feiern wir im *Little Vienna*, in Ordnung?«

Ralph antwortet nicht. Er geht gern ins *Little Vienna*. Das familiäre Ambiente dort gefällt ihm. Bei einem schönen Whisky on the rocks wird man sich dort fast jedes Mal einig. Diesmal aber möchte er nicht, dass sich sein Doktorvater seine besten Gleichungen »ausleiht«, um sie, natürlich ohne Quellenangabe, zu veröffentlichen. Und so steht er stumm auf. In dem Augenblick, in dem er den Raum verlässt, meint Gamow mit unsicherem Lächeln.

»Sei mir nicht böse, aber wie es aussieht, muss ich meinen Aufsatz vor dem deinen veröffentlichen. Ich kann nicht länger warten.«

Ralph bleibt in der Tür stehen. Er senkt den Kopf und zögert einen Moment. Dann schließt er die Tür.

Diese Szene spielt sich im Juni 1948 ab. Ihre Protagonisten sind zwei der drei Physiker, die am 1. April 1948 einen als »Alpha-Beta-Gamma-Artikel« berühmt gewordenen Aufsatz veröffentlichen. Diesen Namen trägt er, weil seine Autoren Alpher, Bethe und Gamow heißen, der Hauptautor aber ist Ralph Alpher, der seine Doktorarbeit bei Gamow schreibt. In dieser finden sich zahlreiche Theorien zur Nukleosynthese im noch jungen Universum, die sich später als richtig herausstellen. Sie erlauben es, die Entstehung der Elemente in einer ultraheißen Phase zu Anbeginn der Zeit nachzuvollziehen.

Die beiden Männer lernen sich Mitte der Vierzigerjahre kennen und arbeiten seitdem gemeinsam an diesem Problem. Gamow ist als Erster auf die Idee gekommen, dass die Materie in einem unendlich heißen Universum entstanden sein muss, was bis heute als eines seiner größten Verdienste gilt. Er hält die Vorstellung Lemaîtres, dass das sogenannte »Uratom« sich in immer kleinere Bestandteile aufgespalten hat, für falsch. Seiner Ansicht nach ist genau das Gegenteil passiert, wie er immer wieder verkündet. Eine großartige Hypothese, doch wie soll man sie untermauern? Er braucht jemanden, der sich im Labyrinth der Kernphysik zurechtfindet. So ganz einfach ist das nicht, weil zu jener Zeit fast alle, die von dieser Materie etwas verstehen, heimlich für Kriegszwecke arbeiten.

Da ist das große *Manhattan Project* zum Bau der Atombombe in Los Alamos, geleitet von der eisernen Hand Robert Oppenheimers. Gamow selbst ist nur deshalb nicht rekrutiert worden, weil er einst Offizier der Roten Armee war. Eine unglaubliche Ungerechtigkeit! Wissen diese Amerikaner eigentlich nicht, dass der »Offizier Gamow« verzweifelt versucht hat, aus der Sowjetunion zu fliehen? Der amerikanische Geheimdienst hat offensichtlich keinerlei Informationen darüber, dass der Wissenschaftler an Bord eines winzigen Kajaks sein Leben riskiert hat. In diesem ist er zusammen mit seiner Frau und nur mit ein paar Butterbroten versehen aufgebrochen, um das Schwarze Meer zu überqueren und in die Türkei zu gelangen. Die beiden gerieten in einen Sturm, bei dem das Kajak wieder an die Küste des Sowjetreichs geworfen wurde.

Doch Gamow ließ sich nicht entmutigen. Nur wenige Monate später versuchte er mit seiner Frau – wieder im Kajak – über das Eismeer nach Norwegen zu gelangen. Ein noch verrückterer Versuch als der erste und wieder zum Scheitern verurteilt. Im Jahr 1933 erhielt er die Genehmigung, mit seiner Frau, die ebenfalls Physikerin war, am Solvay-Kongress in Brüssel teilzunehmen. Von dort kehren die Gamows nie wieder nach Russland zurück.

Von 1934 an lebt der russische Physiker in Amerika und widmet sich mit aller Kraft der Erforschung der Anfänge des Universums. Doch da er in der Mathematik nicht ganz so bewandert ist, tritt er auf der Stelle, bis er 1945 den jungen Ralph Alpher kennenlernt, einen äußerst talentierten jungen Forscher. 1937 erhielt das damals 16-jährige Wunderkind Alpher ein Stipendium am renommierten MIT. Doch leider entschlüpfte ihm irgendwann einmal, dass er Sohn eines jüdischen Einwanderers ist. Grund genug für die damalige Leitung, ihm das Stipendium wieder zu entziehen. Für Alpher ist dies ein schlimmer Schlag. Da die Tore des MIT für ihn plötzlich verschlossen sind, muss er sich mit Abendkursen an der George-Washington-Universität in Washington begnügen. Eine Sackgasse, doch ebendort lernt er George Gamow kennen, der sehr schnell sein unglaubliches mathematisches Talent bemerkt. Er beschließt, den jungen Mann als Doktoranden zu akzeptieren, und setzt ihn sofort darauf an, die heikle Frage der Entstehung der Elemente zu erforschen. Sozusagen als Zugabe weiht er Alpher in all seine bisherigen Forschungsergebnisse ein.

Drei Jahre lang rechnen die beiden Männer wie besessen, meist bis zum Morgengrauen. Um einen Ausgleich zur Monotonie ihrer Tätigkeit zu finden, finden sie sich immer wieder im *Little Vienna* ein, der kleinen Bar an der Pennsylvania Avenue in Washington. Dort redet man sich bei mehreren Gläsern (Alpher ist Halbrusse) die Köpfe heiß und stellt die gewagtesten Thesen auf: »Ich bin sicher, dass dieser verdammte Backofen, der das Universum zu Beginn war, irgendwo Spuren hinterlassen hat«, brüllt Gamow manchmal laut durch den Raum und erschreckt damit die anderen Gäste.

Alpher macht währenddessen unglaubliche Fortschritte. Im Jahr 1948 hat er endlich seine These beisammen: Wasserstoff und Helium, die beiden Elemente, aus denen das Universum hauptsächlich besteht, konnten nur während der ersten fünf Minuten nach dem Urknall entstanden sein! Später dann nicht mehr. Gamow ist fasziniert. Ob auch er das Gefühl hat, in der ersten Wasserstoffwolke das Gesicht Gottes zu erblicken? Sorgsam zeichnet er bei der Präsentation die Kurven auf, welche die Entstehung der leichteren Elemente zu Beginn des Universums beschreiben. Als er sich seinen Kollegen zuwendet, sagt er, um die Bedeutsamkeit des Augenblicks zu unterstreichen: »Ruhe! Hier sehen Sie die göttliche Gleichung der Schöpfung.« Auch dieser schöne Ausdruck ist uns erhalten geblieben.

Im Frühjahr 1948 stellt Alpher die Quintessenz seiner Doktorarbeit vor. Zu Gamows großer Freude ist der Saal voll. Mehr als 300 Personen sind anwesend, ein noch nie dagewesener Andrang. Dutzende Journalisten drängeln sich in dem Raum, fotografieren und machen hastig Notizen. Am 14. April 1948 titelt die *Washington Post:* »Universum in fünf Minuten entstanden!« Die Nachricht geht in Windeseile um die ganze Welt. Ein paar Wochen lang ist Alpher der Liebling von Presse und Rundfunk. Dann ebbt das Fieber wieder ab, die Telegrafen schweigen, und Alpher verschwindet allmählich im Schatten von Gamow und Bethe.

Natürlich ist es kein Zufall, dass George Gamow sich für den Ursprung des Kosmos interessiert, war sein Doktorvater in Petersburg doch kein anderer als der geniale Alexander Friedmann, der heute unumstrittene Vater der Urknalltheorie. In Wirklichkeit aber ist Gamow nicht nur von seinem Lehrer inspiriert, sondern fast ebenso von seinem hochbegabten Schüler. Heute geht man allgemein davon aus, dass Gamows Arbeit Friedmann ebenso viel verdankte wie Alpher.

Als er im Frühling 1948 begreift, wie grundlegend Alphers Arbeit ist, macht er sich einen Spaß. Er bittet Hans Bethe, der später den Nobelpreis erhält und für seine Leistung beim *Manhattan Project* berühmt wird, als Coautor zu fungieren, obwohl dieser mit der Arbeit eigentlich gar nichts zu tun hat. Aber die Versuchung ist einfach zu groß: Kann Gamow mit ihren drei Namen doch auf die ersten Buchstaben des griechischen Alphabets anspielen und so die Bedeutung der Arbeit unterstreichen? Zu Gamows Verwunderung nimmt Alpher ihm diesen »Gag« übel. Denn er sieht klar voraus, was dann auch tatsächlich eintritt: Die beiden bereits bekannten Physiker streichen den Ruhm für die Arbeit ein, die zum ersten Mal die Vorgänge in der »heißen Entstehungsphase« des Universums im Detail beschreibt. Alpher wird mehr oder weniger vergessen.

Und damit nicht genug. Denn Ralph Alpher hat nicht nur die Nukleosynthese bei der Geburt des Kosmos beschrieben, sondern auch eine klare Vorstellung von der fossilen Hintergrundstrahlung entwickelt: Ein Universum, das so enorm kontrahiert und so unendlich heiß war, musste mit unglaublicher Macht ins Dasein gedrängt sein, und diese Kraft musste irgendwo Spuren hinterlassen haben. Mit seinem Kollegen Robert Herman (ebenfalls Sohn jüdischer Einwanderer) berechnet er, dass das erste Licht des Universums sich etwa 300 000 Jahre nach dem Urknall von der Materie löste. Damals war die Temperatur des Kosmos bereits auf 3000 Grad abgekühlt. Diese unglaubliche Voraussage wird am 13. November 1948 unter dem Titel »Entwicklung des Universums« in der Zeitschrift *Nature* publiziert. Dass das Verhältnis zu seinem Doktorvater bereits ein wenig getrübt ist, lässt sich an der Tatsache ablesen, dass George Gamow am 30. Oktober 1948 in derselben Zeitschrift einen Artikel fast des gleichen Inhalts mit dem Titel »Die Entwicklung des Universums« veröffentlicht.

Und so sind es letztlich drei Fachaufsätze, in denen die moderne Theorie vom Urknall zum ersten Mal wie folgt formuliert wird: Das Universum muss am Anfang sehr heiß gewesen sein. Es muss eine »fossile Hintergrundstrahlung« hervorgebracht haben, deren Temperatur immer mehr abkühlte und die sicherlich eines Tages messbar sein wird. Die Ideen von Gamow und die hartnäckige Arbeit von Alpher sorgen dafür, dass das Weltbild der Menschheit allmählich stimmigere Konturen annimmt.

Kapitel 7

Der Big Bang am Horizont

Im Jahr 1948 zeichnet sich das Konzept des Big Bang schon recht deutlich ab. Am 28. März 1949 wird dann auch der Begriff selbst geprägt, und zwar während einer Radiosendung der BBC, zu der als wichtigster Gast Fred Hoyle eingeladen ist, einer der führenden Astronomen Englands. Er mokiert sich über die »absurden Ideen« George Gamows und spottet dabei über die Idee einer uranfänglichen »Explosion«, die er als »Big Bang« bezeichnet. Bald kennt alle Welt den neuen Begriff.

Die Versuchung, in den Tiefen des Weltalls, gleichsam im Kielwasser der Galaxien, nach dem Antlitz Gottes zu suchen, wird größer. Papst Pius XII. jedenfalls erliegt dieser Versuchung drei Jahre später. 1951 lädt er seine Prälaten und Kardinäle zu einer großen Konferenz an der Päpstlichen Akademie der Wissenschaften im Vatikan ein und verkündet: »Es scheint, als sei es der Wissenschaft gelungen, durch Jahrmillionen der Entwicklung vorzudringen zum ursprünglichen *Fiat lux,* zu dem Augenblick, in dem ein Meer aus Licht, Materie und Strahlung aus dem Nichts entstand, in dem die Teilchen der chemischen Elemente sich schieden und wieder verbanden, damit daraus Millionen von Galaxien entstehen konnten ... Die Schöpfung hat tatsächlich einen Anfang in der Zeit. Folglich muss es auch einen Schöpfer geben. Gott existiert also!«

Das Oberhaupt der katholischen Kirche glaubt ebenfalls, im zitierten »Meer aus Licht« das Antlitz Gottes erblickt zu haben. Und er ist der Erste, der dies offen ausspricht.

Doch so einfach ist die Sache nicht. In den Reihen der Wissenschaft formiert sich Widerstand. Erstes Anzeichen: Die publizierten Fachaufsätze von Gamow und seinen Schülern haben wider Erwarten kaum Auswirkungen auf die wissenschaftliche Diskussion. Zu Beginn der Fünfzigerjahre werden die drei »Aufwiegler«, wie man sie in wissenschaftlichen Kreisen nennt, nicht ernst genommen, gleichgültig, wie viele Seminare sie halten, wie viele Publikationen sie vorweisen können. Die Idee, dass die Elemente Wasserstoff und Helium in einer »heißen« Umgebung – in einem Big Bang eben – entstanden sein könnten, kann sich nicht durchsetzen. Dies liegt zum Teil auch an Gamows ironischer Art. So erklärt er beispielsweise *urbi et orbi,* dass Gott neun Lichtjahre von der Erde entfernt lebt. Die Folge? Seine Kollegen, die sich strenger an die akademischen Formen halten als er selbst, nehmen ihn nicht ernst. Und dies fällt natürlich auch auf Ralph Alpher zurück.

Schließlich lässt sich der Big Bang zu jener Zeit noch nicht beweisen. Und so ändern Alpher und Herman ihre Taktik. Beweise? Aber dort oben sind sie doch! Man muss nur nach ihnen suchen. Denn beide Astronomen gehen davon aus, dass es ein schwaches Nachleuchten des Big Bang geben muss, das sich gleichförmig durchs Universum ausbreitet. Ein schwacher Rest der gigantischen Explosion, bei der vor Milliarden von Jahren das Universum entstanden ist. »Wer diese Strahlung findet«, unterstreicht Herman immer wieder, »wird Ruhm und Ehre ernten!« Doch nichts rührt sich. Niemand müht sich, eine Methode zu ersinnen, mit der die Behauptungen der beiden wenig glücklichen Gamow-Schüler überprüft werden können. Ganz im Gegenteil: Ihre Gegner werden immer zahlreicher und sind fest entschlossen, der »Farce« von einer Schöpfung des Universums ein Ende zu bereiten. An den Universitäten und in den Forschungslabors der Sowjetunion (und mit ihnen in der gesamten kommunistischen Welt) verkündet man, dass die Materie das Fundament der Wirklichkeit sei. Die Materie sei ebenso anfangslos wie ewig.

Der marxistische Quantenphysiker David Bohm zum Beispiel hält die Vertreter der Big-Bang-Theorie für »Verräter an der Wissenschaft, die wissenschaftlich erwiesene Fakten außer Acht lassen, um mit der katholischen Kirche gemeinsame Sache zu machen.« Auch Sir Arthur Eddington, einer der größten Astronomen der ersten Hälfte des 20. Jahrhunderts, gerät buchstäblich außer sich, als er den Begriff »Big Bang« hört: »Die Vorstellung, dass das Universum einen Anfang haben soll, widerstrebt mir ... Ich glaube einfach nicht, dass die gegenwärtige Ordnung der Dinge aus einem Big Bang entstanden sein soll. Und es ist vollkommen unvorstellbar, dass das Universum sich ausdehnt.«

Hier wollen wir doch einmal eine schöpferische Pause einlegen und über das bisher Gesagte nachdenken. Natürlich ist es (auch für Wissenschaftler) sehr schwer, sich vorzustellen, dass das Universum mit allem, was es enthält – also die Erde, Ihr Haus, die Nachbarschaft, die Landschaft sowie in weiter Entfernung Sonne, Mars, Jupiter und in noch weiterer Ferne Milliarden Sterne und Galaxien – so verdichtet war, dass all das nicht mehr als ein Punkt ohne Ausdehnung gewesen sein soll. Ein einzelner Punkt im Nichts. Wie soll man sich so etwas vorstellen können? Kein Wunder also, dass viele dies von vornherein ablehnen.

Der leidenschaftlichste Gegner des Big Bang ist zweifelsohne Fred Hoyle. Von seiner Bastion als Astronom an der Universität Cambridge aus wird er nicht müde, auf die Auffassung des großen Philosophen Aristoteles hinzuweisen, für den die Materie ewig war. Genau dasselbe, so Hoyle, gelte für das Universum. Es sei ewig, habe keinen Anfang gehabt und würde auch nie zerstört werden. Mochte der Raum auch expandieren, die Galaxien, so Hoyle, würden durch die Gravitationskraft und die ständig neu entstehende Materie »stationär« gehalten. (Auf diesen Begriff, den er selbst geprägt hat, ist Hoyle ungeheuer stolz.)

1953 scheint die Schlacht verloren. Die drei Pioniere des Big Bang geben ihre Forschungsarbeit über den Beginn des Universums auf. Gamow wendet sich allmählich von der Physik ab, und Alpher verlässt enttäuscht die Universität. Die spöttisch-verächtlichen Kommentare seiner Kollegen haben ihn für immer gezeichnet. Auch Herman gibt die Grundlagenforschung auf und geht in die Automobilindustrie.

Alle drei sind mittlerweile aus dem Blickfeld der Wissenschaft verschwunden. Doch ein Mann bleibt, der sich ihrer Arbeiten erinnert: Robert Wilson. Und so versäumt er es nicht, sich im Anhang dieses Buches an seine früheren Kollegen zu wenden: »Es fällt mir schwer, das Nobelpreiskomitee im Nachhinein zu ›kritisieren‹, doch ich bin der festen Überzeugung, dass einige unserer Kollegen den Preis mit uns hätten teilen sollen. Vor allem Gamow, Alpher und Herman, die in den Vierzigerjahren die Existenz der Hintergrundstrahlung vorhergesagt hatten.«

Doch für den Augenblick befinden wir uns weiterhin in den frühen Sechzigerjahren. Immer noch scheint das Universum sich selbst genug und statisch zu sein wie eine Triebfeder, die ihre Spannung verloren hat. Expansion? Kein Mensch glaubt noch daran. Big Bang? Eine abenteuerliche Theorie, der es an Beweisen mangelt. Gut, die Galaxien entfernen sich voneinander. Aber das heißt doch noch lange nicht, dass der *Raum* sich ausdehnt. Was für ein Unsinn! Die Ideen von Gamow und Alpher kühlen in der Asche der verworfenen Theorien merklich ab.

Und doch ... Ein weiterer Donnerschlag wartet auf uns. Und er kommt aus einer Richtung, aus der niemand ihn erwartet hätte. Von da an geht alles blitzschnell. Das sagenhafte Ereignis findet auf einem verlassenen Hügel irgendwo in Amerika statt. Und glauben Sie uns, das Abenteuer, das sich dort ankündigt, ist absolut atemberaubend.

Kapitel 8

Die Entdeckung des ersten Lichts

Alles beginnt an einem schönen Frühlingstag des Jahres 1964 in Holmdel im amerikanischen Bundesstaat New Jersey. Eine kleine, charmante Stadt mit einem blumengeschmückten Marktplatz für die einen, ein übles Provinznest für die anderen. Seit einigen Monaten finden sich am Crawford Hill, einem Hügel, da und dort von staubbedeckten Bäumen bestanden, jeden Tag zwei junge amerikanische Ingenieure ein. Weit weg von der Stadt fallen sie niemandem besonders auf. Kein Mensch, nicht einmal sie selbst, wäre auf die Idee gekommen, dass sie dort, im Nirgendwo, die bedeutendste Entdeckung des Jahrhunderts, vielleicht sogar aller Zeiten machen würden. Eine Entdeckung, die unser Weltbild ein für alle Mal verändern wird. Wie aber gelangt ein Echo des Universums in seiner Gesamtheit gerade dorthin, auf eine Wiese in New Jersey?

Die beiden breiten ihre Utensilien sorgfältig auf einer großen Plane aus und machen sich wie jeden Tag an die Arbeit. Ganz am Rand steht ein Transistorradio, aus dem krächzend die alten Songs des Countrysängers Hank Williams ertönen. Seine Stimme, getragen vom wilden Quietschen der Saloongeige, verliert sich fast im weiten Gelände. Die beiden arbeiten schnell. Sie müssen heute rechtzeitig fertig werden, weil sie mit zwei der hübschesten Mädchen der Stadt ausgehen werden. Im Moment aber haben sie an andere Dinge zu denken, vorzugsweise an das komische Ding, mit dem sie ihre Messungen vornehmen, eine Art riesiges Horn, das in einer Bretterbude endet.

Das metallene Horn ist fast zehn Meter hoch und wird unter Aufbietung aller Kräfte mithilfe eines riesigen Rades bewegt. Obwohl es Woche für Woche Unmengen Schmieröl verschlingt, ist es den beiden noch nicht gelungen, das Kreischen abzustellen, das jede Bewegung begleitet. Diesen Morgen aber hält ihr Instrument – eine riesige Antenne, die im Jahr 1959 gebaut worden ist – eine besondere Überraschung für sie bereit.

Die beiden jungen Leute haben sich vor drei Jahren mehr oder weniger zufällig auf dem Crawford Hill kennengelernt. Dort nämlich liegt eines der Forschungslabors der renommierten Bell-Telekommunikationsgesellschaft. Der Jüngere der beiden ist damals 27 Jahre alt und heißt Robert Wilson. Er ist Sohn texanischer Farmer aus der Gegend um Dallas. Seine Jugendfreunde erinnern sich, dass er sie mit dem lauten Tröten seiner Posaune nahezu betäubte. Die Sommerferien verlebt er auf der Farm seines Onkels in Texas, wo er nachts auf einem Baumstumpf vor dem Haus sitzt und die Sterne zählt. Sein Vater ist Chemieingenieur in einem Petrochemieunternehmen in Houston. Der kleine Robert begleitet ihn samstagvormittags gerne und geht zwischen den großen Apparaten im Labor spazieren, die ihn immer wieder aufs Neue faszinieren. Da er gerne bastelt, wird er bald zu einem jugendlichen Elektronikgenie. Seine Nachbarn lassen sich das nicht zweimal sagen. Wenn Robert von der Schule nach Hause kommt, findet er meist irgendeinen alten Radio- oder Fernsehapparat vor, den er reparieren soll. So bessert er sein Taschengeld auf.

Bald darauf wird er »mit knapper Not«, wie er selber sagt, an der angesehenen Rice University in Houston aufgenommen, und sein elektronisches Geschick hilft ihm auch im Studium weiter. Robert erhält eine Reihe von Patenten auf elektronische Geräte, die er selbst ersonnen hat. Doch die wirklich wichtigen Schritte im Leben liegen noch vor ihm. Er entschließt sich schweren Herzens, Houston zu verlassen, und schreibt sich am Caltech ein, dem California Institute of Technology in Los Angeles, das zu den besten Universitäten der Welt zählt. Ein mythischer Ort, der bereits etwa ein Dutzend Nobelpreisträger hervorgebracht hat. 1962 promoviert Robert dort in Physik. Seine Spezialität ist die Radioastronomie, ein damals noch junges Forschungsgebiet, das sich mit der Erforschung des Weltalls mittels Radiowellen befasst. Im Jahr darauf wird Robert von den Bell Laboratories engagiert und arbeitet dort in der Radiowellenforschung. Sein Arbeitsplatz liegt in Holmdel, jenem Ort in New Jersey, wo er auf den einzigen anderen Radioastronomen der Gegend stößt: Arno Penzias.

Penzias hat jüdische Vorfahren und kommt zur falschen Zeit am falschen Ort zur Welt. Er wird am 26. April 1933 geboren (am selben Tag, an dem die Gestapo gegründet wird), und zwar ausgerechnet in München, der Hauptstadt der Bewegung. 1938 geschieht es dann: Die schwarz gekleideten Nazis dringen ins Haus der Penzias ein, verprügeln Arnos Eltern und führen die ganze Familie ab. Sie landet mit Dutzenden anderer Juden zuerst in einer Zelle, dann in einem Viehwaggon. Ein paar Stunden später hört er die Lokomotive pfeifen. Sie sollen nach Polen deportiert werden. Doch manchmal nimmt das Schicksal eine unerwartete Wendung. Aus einem unerfindlichen Grund wird dem Zug an der Grenze die Weiterfahrt nach Polen verweigert. Hunde bellen, Soldaten brüllen, doch es hilft alles nichts: Der Zug muss nach Deutschland zurück. Die Frist, bis zu der die Deutschen polnischstämmige Juden nach Polen abschieben dürfen, ist abgelaufen. An jenen schrecklichen Abend wird Arno Penzias sich sein Leben lang erinnern: »Viele Jahre später erfuhr ich, dass die Menschen, die ›rechtzeitig‹ die Grenze erreicht hatten, in ein Lager ohne schützenden Unterstand gebracht worden waren, wo die Hälfte von ihnen jämmerlich erfror.«[32]

Doch damit hören die wunderbaren Wendungen in Arno Penzias' Leben noch keineswegs auf. Die furchtbaren Mühlen des NS-Regimes mahlen weiter und bedrohen die Familie. Getrennt gelingt es ihnen, 1939 Deutschland zu verlassen. Allerlei glückliche Zufälle sorgen dafür, dass die ganze Familie ins sichere Exil nach London und bald darauf weiter nach New York gelangt.

Endlich in Freiheit!

Fortan lebt der kleine Arno in New York und hebt mehr als einmal den Blick aus den tiefen Häuserschluchten der Bronx zum Himmel. Englisch lernt er schnell, und so schreibt er sich am City College in New York ein. Doch bald wechselt der begabte Schüler an die Columbia University. 1961, als er den Doktor in der Tasche hat, wird auch er von den Bell Laboratories angestellt. Allerdings hat er nur einen Zeitvertrag. »Was wollen Sie denn«, meint der Direktor der Forschungsabteilung lachend,

»so können Sie wenigstens jederzeit gehen!« Arno teilt sich ein winziges Büro mit seinem Kollegen Robert Wilson. Bald fühlen die beiden sich dort richtiggehend wohl. Gut, sie sind ein bisschen weit ab vom Schuss, aber wenigstens bleibt ihnen das trockene Akademikerdasein erspart. Und die Forschung? Nun, die Telefongesellschaft ist gerade führend daran beteiligt, die ersten Kommunikationssatelliten ins Weltall zu schicken. Grundlagenforschung hat da erst mal keine Priorität.

Die Anfänge der beiden Forscher sind also mehr als bescheiden. Ihr erster Auftrag lautet, eine Radioantenne herzurichten, damit sie zur Kommunikation mit dem Satelliten *Echo 1* taugt, eine Aufgabe, die sehr wenig mit Kosmologie zu tun hat. Die beiden haben von der merkwürdigen Theorie des »Uratoms«, die Abbé Lemaître vor mehr als dreißig Jahren aufgestellt hat, noch nie etwas gehört. Die Ideen des russischen Mathematikers Alexander Friedmann zur Expansion des Kosmos sind ihnen ebenso fremd wie die Vorstellung Gamows, dass das Universum in einer Phase unendlicher Hitze entstanden sein musste.

In den Sechzigerjahren ist die Theorie, das Universum könne überhaupt einen Anfang gehabt haben, nicht gerade en vogue. Ebenso wenig wie die Vorstellung, dass dieser Anfang eine Art gigantischer Explosion gewesen sein könnte. Im Übrigen ist Robert Wilson, einer der Helden dieser Geschichte, Schüler von Fred Hoyle, der zwar den Begriff des »Big Bang« erfunden hat, doch nur, um sich darüber lustig zu machen. Für ihn ist das Universum ewig, es hat weder Anfang noch Ende. Und als guter Schüler denkt Wilson genauso.

Die beiden Pragmatiker bemühen sich also erst einmal darum, dass ihre Antenne Signale an den Satelliten übertragen kann, der von Bell betrieben wird. Doch irgendwie beschränken sie sich nicht auf die gestellte Aufgabe: Sie basteln an der Antenne herum, um sie als Radioteleskop zu nutzen. Mit ein paar kleinen Tricks ist das durchaus zu machen. Penzias und Wilson erhalten daraufhin die offizielle Erlaubnis, in ihren Freistunden die Empfindlichkeit des Teleskops zu testen und sich mit der Messung der Radiostrahlung von Galaxien zu beschäftigen. Wilson nutzt die Zeit, um die Thesen seiner Doktorarbeit zu überprüfen. Penzias wiederum beschäftigt sich mit dem Vorhandensein von Wasserstoff in den nächsten Gasnebeln des Kosmos.

Im Mai 1964 beschließen die beiden, ihr Teleskop wieder einmal auf die Milchstraße auszurichten. Auch hier muss man wie beim Radiohören das Teleskop auf eine bestimmte Frequenz einstellen. Penzias und Wilson beschließen, die Milchstraße auf der Frequenz von 7,35 Zentimetern zu vermessen. Dabei geht es in erster Linie darum, eventuelle Störstrahlung zu entdecken, die die Kommunikation mit *Echo 1* beeinträchtigen könnte. Die beiden stoßen auf ein Phänomen, das sie mächtig irritiert. Da ist doch immer wieder dieses komische Rauschen, das sich einfach nicht beseitigen lässt. Seit Wochen fängt ihr Teleskop dieses seltsame Geräusch auf. Und zwar in allen Regionen des Alls, die sie bislang gemessen haben. Noch dazu ist die zugrunde liegende Strahlung hundertmal stärker, als sie erwartet hatten! Sie wiederholen ihre Messung Nacht für Nacht, ändern die Ausrichtung des Teleskops, doch vergeblich. Dem Hintergrundrauschen ist nicht beizukommen. Man muss sich das so vorstellen wie das Rauschen des eigenen Radios, wenn es nicht genau auf die richtige Wellenlänge eingestellt ist. Was Penzias und Wilson erstaunt, ist, dass dieses Signal sich auf nichts, was sie kennen, zurückführen lässt. Es ist von erstaunlicher Regelmäßigkeit, ein seltsames »kosmisches Echo«, das ein Temperaturäquivalent von etwa 3 Grad über dem absoluten Nullpunkt hat.

Woher kann diese Strahlung nur kommen?

Fast ein Jahr lang suchen die beiden Forscher nach einer Antwort. Sie reinigen die Antenne, befreien sie von Taubendreck, ersetzen alle defekten Nieten und schützen sie durch Aluminiumfolie. Sie führen alle Berechnungen noch einmal aus. Vergeblich!

Im April 1965 fliegt Arno Penzias zu einem Astronomiekongress nach Boston. Wilson und er haben immer noch keine rechte Erklärung für das beobachtete Phänomen. So ganz nebenbei erzählt Penzias Bernie Burke davon, einem der wenigen Radioastronomen. Doch Burke fällt dazu etwas ein: Hat er nicht gehört, dass an der Universität Princeton (also nur etwa sechzig Kilometer von Crawford Hill entfernt) zwei andere Astrophysiker eine hochempfindliche Antenne für Mikrowellenstrahlung entwickelt haben? Die beiden heißen Robert Dicke und James Peebles (den die meisten einfach Jim nennen). Wozu haben sie diese doch gleich wieder gebaut? Wollen sie damit nicht eine Art merkwürdiger Strahlung nachweisen, von der man nur unter der Hand munkelt? Ihr Temperaturäquivalent soll sehr niedrig liegen, sie stellt angeblich eine Art Überbleibsel einer vergangenen Zeit dar. Nach allem, was man so hört, sollen Dicke und seine Kollegen davon überzeugt sein, dass das Universum vor mehreren Milliarden Jahren sehr, sehr heiß war. Und sie glauben, dass die Strahlung eines solchen Schmelzofens noch irgendwo nachleuchten müsse.

Penzias zuckt mit den Schultern. Er glaubt ja nicht, dass das Universum zu Anbeginn der Zeit heißer war als die Sonne. Trotzdem will er sich mal informieren. Also ruft er Dicke an. Überrascht bemerkt er das Interesse des Forschers am anderen Ende der Leitung. Da Princeton nicht so weit von Crawford Hill entfernt ist, vereinbart man ein Treffen. Schon am nächsten Tag kommen Dicke, Wilkinson und Roll nach Holmdel, wo die riesige Hornantenne steht. Die beiden Radioastronomen brauchen weniger als eine Stunde, um die Fragen der Forscher zu beantworten. Der Donnerschlag ist da! Am selben Abend noch sagt Dicke lakonisch zu Jim Peebles und dem Rest seines Teams: »Jungs, die sind uns zuvorgekommen!«

Bei den Gesprächen mit uns lässt Jim Peebles diesen Moment wieder aufleben, den er im Anhang so beschreibt: »Ich war nicht dabei, als sich die Princeton-Equipe mit Dicke vor Ort begab, zu den Bell Laboratories. Aber ich erinnere mich noch gut an das Fazit: ›Diese Jungs haben gute Messergebnisse!‹«

Die Mitglieder des Forscherteams in Princeton begreifen sofort: Den beiden Forschern der Bell Laboratories ist es durch Zufall gelungen, die Existenz der »fossilen Hintergrundstrahlung« nachzuweisen, die Alpher und Gamow bereits 1948 vorhergesagt haben. Ihr Teleskop hat das Licht aufgefangen, das im Augenblick der Schöpfung des Universums entstand! Eine Art thermischer Atemhauch, der das ganze Universum durchzieht, das ferne Echo jener unglaublichen »Explosion«, in der vor mehr als 13 Milliarden Jahren unsere Raumzeit entstanden ist. 380 000 Jahre nach dem Big Bang hat sich ein immenser Photonensturm von unglaublicher Gewalt erhoben. Zu jener, für uns kaum vorstellbaren Zeit war das Universum etwa 40 000-mal jünger als heute. Es war tausendmal kleiner und eine Milliarde Mal dichter. Doch die Überreste dieses unglaublichen Lichtsturms, der zu Anbeginn der Zeiten stattfand, lassen sich heute noch feststellen.

1978 erhalten Penzias und Wilson den Nobelpreis für eine Entdeckung, die die Welt verändert, ob mit Nobelpreis oder ohne. Und natürlich verändert sie auch die Menschen, die sie gemacht haben. Fast dreißig Jahre vor Smoot und Mather erblickten sie »etwas« im ersten Licht der Zeit: den Widerschein des Schöpfungsfeuers.

Kapitel 9

Das Feuer der Schöpfung

Die Entdeckung der fossilen Hintergrundstrahlung hat große Auswirkungen auf ihre Entdecker. Die Konfrontation mit dem ersten Licht des Universums verändert die beiden – wie das später auch bei George Smoot der Fall sein wird. Von nun an werden sie die Welt mit anderen Augen sehen. Die beiden Forscher haben das Gefühl, sie hätten – wie George Smoot es ausdrücken wird – das »Antlitz Gottes erblickt«. Plötzlich scheint es eine denkbare Möglichkeit zu sein, dass die Schöpfung aus dem Nichts entstanden ist.

Der Weg dorthin war für beide weit. Ehe Robert Wilson nach New Jersey kam und dort so manche Nacht am Fuße der gewaltigen Hornantenne durchwachte, interessierte er sich kein bisschen für die Entstehung des Universums. Am Caltech war er Schüler Fred Hoyles, der seine Studenten zu begeistern wusste. Dieser ebenso erfinderische wie sprachbegabte Mann hatte nicht seinesgleichen, wenn es darum ging, ein sprachliches Bild zu finden, das einen Sachverhalt anschaulicher darstellte als wortreiche Erklärungen. Zum Beispiel beschrieb Fred Hoyle die Entfernung zwischen uns und dem interstellaren Raum so: »Der Raum ist nicht unendlich weit weg! Höchstens eine Autostunde – aber nur, wenn Ihr Auto vertikal nach oben fahren kann.«

In der Zeit, als Wilson bei Hoyle Kurse belegte, arbeitete dieser gerade seine Theorie vom stationären Universum aus. Er ging davon aus, dass das Universum weder in einer Explosion noch anderswie angefangen hatte. Und die meisten Menschen neigten seiner Ansicht zu, auch Wilson. Doch ebendieser Wilson sollte der Theorie vom stationären Universum den Todesstoß versetzen, zunächst noch ohne es zu wissen.

Am 21. Mai 1965 jedenfalls lesen Millionen Amerikaner auf der Titelseite der *New York Times:* »Signale bestätigen die Entstehung des Universums durch den Big Bang.« Dies ist der erste unwiderlegbare Beweis dafür, dass das Universum nicht seit ewiger Zeit besteht. Die Nachricht verblüfft und geht in kürzester Zeit rund um die Welt. Diesmal ist die Erkenntnis unumstößlich: Der Kosmos dehnt sich aus, wird mit jedem Augenblick größer. Die zugehörigen Zahlen sind schwindelerregend: Alle fünf Sekunden wächst das Universum um einen Raum in der Größe unserer gesamten Galaxis!

Von diesem Tag an wird für Wilson alles anders. Nachdem er mehrfach in Interviews unterstrichen hat, dass es schwierig sei, die Schlussfolgerungen aus seinen Beobachtungen in Abrede zu stellen, wendet der Radioastronom sich von der Theorie des stationären Universums, der sogenannten »Steady-State-Theorie« seines Lehrers Hoyle, ab. Von nun an tritt er für das ein, was Penzias schlicht »die Schöpfung« nennen wird. Und er glaubt an einen Plan, der durch eine äußere Kraft vorbestimmt ist. »Sicher hat es etwas gegeben, was das Ganze in Gang setzte. Wenn Sie religiös sind, dann gibt es wohl keine Theorie der Entstehung des Kosmos, die der Genesis mehr entspricht als diese.«[33]

Und Penzias? Bis 1965 scheint er sich nicht so recht entscheiden zu können. Doch nach der Erschütterung der wissenschaftlichen Welt, die er mit verursacht hat, kommt auch er langsam zu der Einsicht, dass das Universum einen Anfang hat. Wie Wilson und später Smoot glaubt er, »etwas« im Herzen der Hintergrundstrahlung erkannt zu haben: »Die Astronomie zeigt uns, dass es ein singuläres Ereignis gegeben hat, in dem das Universum gleichsam aus dem Nichts entstand, ein Universum, das so fein abgestimmt ist, dass es das Leben möglich machte, ein Universum, das einem zugrundeliegenden – fast möchte man meinen einem ›übernatürlichen‹ – Plan zu folgen scheint.«[34]

Vor seinen erstarrten Kollegen und zahlreichen Studenten geht Penzias in einem Vortrag an der Universität von Illinois sogar noch weiter. Er bestätigt, dass der Big Bang einer Schöpfung *ex nihilo* entspricht, wie sie in der Genesis vorgestellt wird: »Um unsere Beobachtung richtig zu interpretieren, müssen wir davon ausgehen, dass nicht nur die Materie entsteht, sondern der Raum und die Zeit mit ihr. Die besten Daten, die wir je hatten, zeigen ebendas, was ich erwarten würde, wenn ich nichts anderes gelesen hätte als die fünf Bücher Mose, die Psalmen und andere Bibelstellen. Der Big Bang war eine unmittelbare Schöpfung, die aus dem Nichts entstand.«[35]

Eine Schöpfung *ex nihilo*? Nein, das ist nun wirklich zu viel des Guten. Als sie Penzias und Wilson so einfach von der Bibel und Moses sprechen hören, erheben sich einige Wissenschaftlerkollegen kopfschüttelnd und verlassen den Hörsaal. Worauf Penzias energisch meint: »Dass das Universum auf diese Art entstanden ist, wird von allen Daten, die die Astronomie bislang gewonnen hat, bestätigt. Menschen, die diese Beobachtungen nicht akzeptieren können, sind ›religiöse Eiferer‹ in einem anderen Sinne.«[36] Doch die Schlacht um die »Anfangssingularität«, den Punkt am Beginn des Universums, nimmt noch ganz andere Formen an. Viele Wissenschaftler können Ende der Sechzigerjahre immer noch nicht glauben, was die neuesten Forschungsergebnisse ihnen sagen.

Ein klassisches Beispiel dafür ist der amerikanische Astronom Allan Sandage, der in der zweiten Hälfte des 20. Jahrhunderts zu den einflussreichsten Stimmen der Wissenschaft gehört. Auch er kann sich nicht vorstellen, dass das Universum in einem Punkt ohne Ausdehnung seinen Ursprung haben könnte. Jude von Geburt, wendet er sich im Alter von sechzig Jahren dem Christentum zu. Wenn man ihn fragt, ob man denn Wissenschaftler und Christ zugleich sein kann, antwortet er ohne Umschweife: »Aber ja! Wie ich stets gesagt habe, ist die Welt viel zu komplex in ihren Bestandteilen und Verflechtungen, als dass sie einzig dem Zufall zu verdanken wäre.«[37] Was die Anfangssingularität angeht, hat er schon eher Schwierigkeiten. »Diese Vorstellung ist so absurd, dass sie gar nicht wahr sein kann«[38], meint er. Auch Philippe Morrison vom MIT protestiert: »Es fällt mir schwer, die Theorie vom Big Bang zu akzeptieren. Ich würde sie nur zu gerne widerlegen!«[39]

Wo aber stehen wir heute? Erstaunlicherweise ist der Widerstand gegen die Theorie vom Big Bang immer noch stark. Der russische Physiker Andrej Linde, der an der Universität

Stanford lehrt, meint gar: »Die Anfangssingularität zu klären – also die Frage, wann und wo alles begonnen hat – ist ein Problem der modernen Kosmologie, für das sich kaum Lösungen finden lassen.« Woher nur dieser Widerstand? Lee Smolin, Forscher am Perimeter Institute for Theoretical Physics in Kanada, glaubt: »Es hat niemals eine Anfangssingularität gegeben!« Dies von einem der angesehensten Vertreter der theoretischen Physik.

Andere Wissenschaftler gehen sogar noch weiter und vergreifen sich dabei entschieden im Ton, wenn sie von der Anfangssingularität sprechen: »Ein Monster, das sich irgendwo am Himmel verbirgt!«, erklärt der amerikanische Astrophysiker Joseph Silk, der jahrelang an der Universität in Berkeley lehrte und jetzt den Lehrstuhl für Astronomie an der Universität Oxford innehat. »Abstoßend!«, urteilt Derek Raine, Dozent für Astrophysik an der Universität Leicester.

Dass es die Anfangssingularität tatsächlich gab, wird durch einen grundsoliden mathematischen Beweis belegt, der fünf Jahre nach der Entdeckung der fossilen Hintergrundstrahlung erbracht wird. Die beiden Mathematiker, die den Beweis für ein solches »Singularitäten-Theorem« führen, sind zu jener Zeit noch völlig unbekannt: Stephen Hawking von der Universität Cambridge und Roger Penrose von der Universität Oxford. Ihre Beweisführung ist absolut fehlerlos: Es gibt eine Singularität – einen mathematischen Punkt mit bestimmten Eigenschaften – zu Beginn des Universums! Wenn aber die Singularität am Anfang der Zeiten klar bewiesen ist, wieso ruft diese Vorstellung dann immer noch so viel leidenschaftlichen Widerstand hervor? Weil sie uns zu einer nahezu unmöglichen Wahl zwingt: der zwischen einem Universum ohne Ursache und dem, was Smoot »das Antlitz Gottes« nannte. Doch nun wollen wir einmal genauer betrachten, wie dieses eigentlich aussieht. Und warum es uns mitten ins tiefste Geheimnis des Universums führt.

Kapitel 10

Der Geist des Big Bang

Was hatten Penzias und Wilson im Mai 1964 denn nun genau entdeckt? Und warum landet diese Entdeckung stracks auf der Titelseite der *New York Times*, um dann in den Schlagzeilen mehr oder weniger aller Zeitschriften der Welt wiederholt zu werden? Steven Weinberg, Nobelpreisträger der Physik des Jahres 1979, meint dazu: »Als man 1965 die kosmische Hintergrundstrahlung im Mikrowellenbereich aufspürte, wurde damit eine der bedeutendsten wissenschaftlichen Entdeckungen des 20. Jahrhunderts gemacht.«[40] Und Edward Mills Purcell, Physiker an der Universität Harvard, schließt sich an: »Dies ist möglicherweise die wichtigste Beobachtung, die je gemacht wurde.«

Das mag schon sein, aber aus welchem Grund eigentlich?

Also zurück zu unserer Geschichte. Die beiden Angestellten der Bell Laboratories haben die kosmische Hintergrundstrahlung entdeckt, die das ganze Universum durchzieht. Eine kalte Welle sozusagen. Ziemlich kalt, um genau zu sein: Ihr Temperaturäquivalent liegt bei 2,7 Grad über dem absoluten Nullpunkt. Bei dieser Temperatur bewegen Moleküle und Atome sich fast gar nicht, so kalt ist es. Doch vor langer, langer Zeit war diese kalte Strahlung, der Überrest des Big Bang, heiß, ja weißglühend. Sie war mehr als 3000 Grad heiß. Doch seitdem sind Milliarden Jahre vergangen. Das Universum hat sich ausgedehnt und abgekühlt und mit ihm die geheimnisvolle Strahlung.

Woher aber kommt sie? Aus den tiefsten Tiefen des Universums, von dorther, wo das Universum gerade noch sichtbar ist. Das heißt, dass die fossile Strahlung (die den leeren Raum mit der unvorstellbaren Geschwindigkeit von 300 000 Kilometern pro Sekunde durchmisst) aus einer weit zurückliegenden Vergangenheit stammt. Aus einer längst vergangenen Zeit also, in der das Universum noch in den Kinderschuhen steckte. Sie ist mehr als 13 Milliarden Jahre alt.

Der Gedanke, dass das Universum einmal ein »Kind« war wie wir selbst, ist beinahe rührend. Ja, es ist ganz schön gewachsen! Die Zahlen hierzu stehen auf der Webseite der NASA und sind mehr als beeindruckend. Als das Universum halb so groß war wie heute, war die Materiedichte darin achtmal so hoch, und es war dort doppelt so warm wie heute. Und wenn wir noch weiter in die Vergangenheit zurückgehen, als das Universum hundertmal kleiner war als heute, war auch die Hintergrundstrahlung hundertmal wärmer. Damals betrug ihre Temperatur etwa +2 °C: Eiszeit im gesamten Kosmos! Davor gab es einen Zeitraum, in dem das ganze Universum hundert Millionen Mal kleiner war als heute. Damals war es 273 Millionen Grad heiß, und die Materie, die dieselbe Dichte hatte wie die Luft, war nicht mehr als ein Gasnebel, der in Flockenform durch den Raum wirbelte.

All das ist natürlich nahezu unfassbar. Doch es kommt buchstäblich noch dicker. Denn das erste Licht, das sich etwa 380 000 Jahre nach dem Big Bang von der Materie löste und das Universum durchmaß, die fossile Hintergrundstrahlung, trägt die »Erinnerung« an diese Zeit in sich eingraviert. Jedes einzelne der Photonen im Tanz der Elementarteilchen birgt das

Mysterium in sich, das Penzias und Wilson geahnt haben. Was aber steckt nun wirklich dahinter? Bevor wir uns auf die Suche nach einer Antwort machen, müssen wir ein bisschen mehr über diese einzigartige Strahlung herausfinden, die älteste, die es im Universum gibt.

Woraus besteht denn eigentlich das Licht? Um ein einfaches Bild zu benutzen: aus winzigen »Teilchen«, die kein Gewicht haben, für die die Zeit nicht vergeht und die man »Photonen« nennt. Der Begriff wurde 1926 geprägt, und zwar nicht von einem Physiker, sondern von dem Chemiker Gilbert Lewis. Seine recht ungewöhnliche Theorie wurde bald korrigiert, sodass sein Name in Vergessenheit geriet. Der Begriff »Photon« (von griechisch *photos*, das Licht) aber wurde von den Physikern übernommen.

Es gibt zehn Milliarden Mal mehr Photonen als Materieteilchen. Machen wir doch einmal einen nächtlichen Spaziergang, um die Photonen aufzuspüren. Es ist Sommer, und die Dunkelheit ist längst hereingebrochen. Sie schlendern auf einem Feldweg dahin und bewundern den bestirnten Himmel, der sich von einem Ende des Horizonts zum anderen ausdehnt. Das Licht, das sozusagen vom Himmel zu »fallen« scheint, besteht letztlich aus »Lichtkörnchen«, den Photonen. Dank ihrer sehen Sie den Feldweg vor sich und verirren sich nicht zwischen den Schatten am Rande des Weges. Natürlich kommt ein bisschen von dem Licht auch von der Stadt hinter dem Hügel, im Prinzip aber stammt der Großteil der Photonen, die mit bloßem Auge sichtbar sind und Ihren Nachtspaziergang auf einsamer Flur erhellen, aus dem Herzen der Sterne, die da oben funkeln, weit oben am Himmel. Diese Photonen entstehen durch Kernfusion in den Milliarden von Sternen, die unsere Galaxis bevölkern. Sie brauchen Tausende von Jahren für ihren Weg, zuerst an die Oberfläche der Sterne, dann durch den kalten Raum bis hin zu Ihnen.

Doch die »Sternenphotonen« machen nur einen Teil der Photonen aus, die das Universum durchstreifen, vielleicht vier Prozent. Woher also kommen die anderen? Diese sind noch viel weiter gereist, denn sie kommen nicht von Sternen oder Galaxien. Sie sind vielmehr Reste der kosmischen Strahlung und als solche Zeugen der Schöpfung. Sie waren gut 13 Milliarden Jahre unterwegs, bevor sie bei Ihnen auf dem Feldweg ankamen. Doch selbst wenn Sie sich jetzt besonders gründlich umsehen: Ein solches »kosmologisches Photon«, sozusagen einen Überlebenden der Schöpfung und des Anfangs der Zeit, werden Sie nie zu sehen bekommen. Denn bis das Photon bei Ihnen angekommen ist, ist es so erschöpft, dass es unsichtbar geworden ist.

Um zu verstehen, weshalb die Hintergrundstrahlung heute nicht sichtbar ist, müssen wir uns vergegenwärtigen, dass das Universum sich seit der Entstehung dieser Strahlung vor mehr als 13 Milliarden Jahren ständig ausgedehnt hat: Damit kühlte die Strahlung immer stärker ab. In der weit zurückliegenden Vergangenheit – weit vor dem Jahr 380 000 – sah das Magma, das damals unser Kosmos war, dem, was wir heute wahrnehmen können, ganz und gar nicht ähnlich.

Das Licht war damals unendlich heiß und »klebte« gleichsam an der Materie. Natürlich waren die Photonen auch damals schon da, aber sie waren nahezu untrennbar mit den Materieteilchen verbunden. Immer wieder lösten sich Photonen aus dem Gemisch, doch sie hatten nur eine enorm kurze Lebensdauer von einigen Sekundenbruchteilen. In dieser kaum vorstellbaren Zeit war das Licht unendlich heiß: mehrere Milliarden Grad.

Allmählich aber beruhigt sich das Ganze. Etwa um das Jahr 380 000 ist die Temperatur auf ca. 3000 Grad gesunken. An diesem Punkt teilen sich Licht und Materie für immer. Sehr viel später wird die Anfangsstrahlung fast lauwarm, ungefähr 25 °C, so warm also, wie es an einem schönen Nachmittag am Strand werden kann. Noch später wird es dann allmählich kalt im Universum. Wir nähern uns 0 °C. Und so geht es weiter. Die Temperatur der Strahlung nimmt ab: erst minus zehn, dann minus zwanzig, dann minus hundert, minus 200 °C. Schließlich erreicht sie –270 °C oder die bekannten 2,7 Kelvin, die wir heute messen.

Während dieser Zeit wird die Frequenz der Strahlung immer niedriger, während ihre Wellenlänge zunimmt: Kurz nach dem Big Bang ist sie hochenergetisch und hat die sehr kurzen Wellenlängen der Gammastrahlung. Danach aber verliert sie immer mehr an Energie, geht in Röntgenstrahlung über, dann in Ultraviolettstrahlung und schließlich in die Wellenlängen des sichtbaren Lichts. Da sie aber weiterhin an Energie verliert, wird sie bald zur Infrarotstrahlung, bis sie die heute gemessenen Wellenlängen der Mikrowellenstrahlung erreicht. Mit dem Ergebnis, dass die Hintergrundstrahlung genauso wenig sichtbar ist wie die Strahlen, die in einem Mikrowellenofen Ihre

Nahrung zum Garen bringen. Und doch: Jetzt, in diesem Augenblick, geht ebenjene Mikrowellenstrahlung wie ein feiner Regen unaufhörlich auf Sie hernieder ...

Ist das nicht merkwürdig? Die fossile Hintergrundstrahlung findet sich keineswegs irgendwo unerreichbar »in den Fernen des Kosmos«. Ganz im Gegenteil, das erste Licht des Universums findet sich überall. In Ihrem Garten ebenso wie in Ihrem Auto und in dem Raum, in dem Sie sich gerade aufhalten. Während Sie diese Zeilen lesen, streift Sie, ohne dass Sie es merken, ein Atemhauch des ersten Lichts. Milliarden unsichtbarer Photonen, die das ganze Universum durchmessen haben, streifen wie ein Windhauch über Ihre Hände, Ihr Gesicht, Ihr Haar. In jedem Kubikzentimeter Raum finden sich etwa 400 Photonen, die zur kosmischen Hintergrundstrahlung gehören. Was das bedeutet? Dass Sie in diesem Moment von ungefähr einer Milliarde Photonen umgeben sind, die sich in alle Richtungen bewegen! Wenn Sie diese eins nach dem andern zählen wollten, bräuchten Sie dazu ungefähr achtzig Jahre.

Das uranfängliche Licht »scheint« also weit stärker als das Licht der Sterne und Galaxien. Unfassbar? Nicht, wenn man Penzias hört: »Wenn Sie heute Abend ausgehen und den Hut abnehmen, wird Ihr Kopf ein wenig vom Big Bang erwärmt. Und wenn Sie einen sehr guten UKW-Empfänger haben und ihn irgendwo zwischen den Stationen einstellen, dann hören Sie dieses Sch-sch-sch.«[41] Es ist das Geräusch jenes Lichts, das vor 13,7 Milliarden Jahren im Universum aufschien.

Gibt es vielleicht eine Möglichkeit, die mysteriösen Teilchen des ersten Lichts auch mit bloßem Auge zu sehen? In der Tat! Wenn Sie zu einer Zeit, zu der es kein Programm gibt, Ihren Fernsehapparat anstellen, sehen Sie dort das altbekannte schwarzweiße Flimmern. Man spricht auch vom »Schnee« auf dem Bildschirm. Wie man herausfand, wird etwa ein Prozent dieses Flimmerns von der fossilen Hintergrundstrahlung ausgelöst. Anders gesagt: Jede Sekunde beleben ein paar »Funken des ersten Lichts« Ihren Bildschirm. Als wäre Ihr Fernsehapparat ein Apparat zum Filmen der Vergangenheit und zeigte Ihnen eine Szene aus der Zeit vor über 13 Milliarden Jahren.

Ist das alles, was es über die fossile Hintergrundstrahlung zu wissen gibt? Keineswegs. Eine Überraschung hält sie noch bereit. Wie alles Licht, das Sie umgibt (das Ihrer Autoscheinwerfer ebenso wie das Ihrer Taschenlampe), ist die Hintergrundstrahlung mit etwa 300 000 Kilometer pro Sekunde das Schnellste, was es im Universum gibt. Diese Tatsache führt zu einem anderen, höchst erstaunlichen Faktum, mit dessen Entdeckung Einstein zu seiner Zeit das Publikum der Belle Epoque schockierte: Für das Licht existiert die Zeit nicht. Genauer gesagt: In der Leere vergeht die Zeit nicht. Dies ist eine der verblüffendsten Konsequenzen von Einsteins Theorie. Sie wird Relativitätstheorie genannt, weil sie deutlich macht, dass die Zeit relativ ist und von der Geschwindigkeit abhängt: Je schneller sich ein Objekt bewegt, desto weniger Zeit vergeht für dieses Objekt. Für Photonen, Lichtteilchen, vergeht die Zeit überhaupt nicht.

Und was bedeutet das nun genau? Ganz einfach: Für das Photon, das Sie auf Ihrem Fernseher sehen, ist keinerlei Zeit vergangen – keine Minute, ja nicht einmal eine Sekunde –, seit es sich 380 000 Jahre nach dem Urknall aus der Strahlungs-Materie-Wolke gelöst hat, aus der das Universum damals bestand, und auch davor nicht. Während für uns seit dem Big Bang 13,7 Milliarden Jahre vergangen sind, ist das Photon keine Sekunde gealtert! Das ist schon recht ungewöhnlich, nicht wahr? Aber das Beste kommt noch. Denn der Raum selbst mit den enormen Entfernungen, die ihn charakterisieren, gilt (immer noch aufgrund der Relativitätstheorie) dem Photon gar nichts. Für ein Photon gibt es keine Entfernung und keine Dauer. In dem Augenblick, in dem das Photon die Urmasse verlässt, ist es – aus seiner Sicht – auch schon in Ihrem Wohnzimmer angekommen. Denn für das Photon gibt es keine zurückgelegte Strecke, nicht einmal einen Millimeter. Aus der Sicht des Photons ist zwischen dem Jahr 380 000 nach dem Big Bang – wo es sich aus unserer Sicht auf den Weg macht – und dem Heute (etwa 13,7 Milliarden Jahre später) nicht eine Sekunde vergangen. Und so können wir aufgrund der Hintergrundstrahlung den Big Bang quasi live beobachten, als wären wir dabei.

Steckt es nicht voller Wunder, dieses erste Licht? Doch hier stellt sich uns nun eine Frage, die alle Kosmologen sich gestellt haben. Wieso scheint das erste Licht im Universum auf? Wie kommt es zu dieser gewaltigen Energiemenge, die plötzlich im Universum auflodert? Wer ist es, der – um den schönen Ausspruch von Stephen Hawking zu wiederholen – den Gleichungen den Odem einbläst?

Um diese Frage zu beantworten, müssen wir uns ins Herz der uranfänglichen Strahlung begeben. Was werden wir dort finden? Robert Wilson, einer der Entdecker des ersten Lichts, erzählte uns in einer Reihe von Gesprächen, dass das, was ihn 1964 am meisten verwundert hat, die absolute Uniformität der Strahlung gewesen sei. (Das gilt auch für alle, die sich nach ihm damit beschäftigten.) Diese Regelmäßigkeit hatte in seinen Augen etwas schier Übernatürliches. Wohin man sich im Universum auch wenden mochte, die Strahlung blieb sich gleich, ihre Temperatur schien überall vollkommen identisch zu sein. Man maß sie bis auf mehrere Stellen hinter dem Komma, aber nichts zu machen: Die Temperatur war immer dieselbe. Das ist etwa so, als würden sie eine gigantische Picknickdecke über mehrere Milliarden Kilometer ausbreiten, ohne auch nur die geringste Falte zu machen!

Konnte das denn überhaupt stimmen? Würde es nicht, wenn man die Strahlung noch genauer vermaß, winzige Schwankungen geben, zumindest im Bereich von einigen tausendstel oder zehntausendstel Grad, die man nur einfach noch nicht messen konnte? Wenn man solche Schwankungen im Detail beobachten könnte, dann wäre man tatsächlich in der Lage, die »Karte« des Big Bang zu lesen. Doch wenn es solche Spuren aus der Anfangszeit des Universums überhaupt gab, wie konnte man sie auffangen? Dazu war doch wenigstens ein Wunder nötig!

Kapitel 11

Die Astronomen aus Metall

Wir alle haben das Glück, in einer unglaublichen Zeit zu leben, wie es sie in der Geschichte des menschlichen Wissens noch nie zuvor gegeben hat. Denn zum ersten Mal ist es uns möglich, wenigstens im Ansatz (und durch Beweise gestützt) auf Fragen zu antworten, die bislang unlösbar schienen: Welche Form hat das Universum? Hat es Grenzen? Wie ist es entstanden? Wird es ein Ende haben? Und gab es »etwas« vor dem Big Bang?

Jede dieser Fragen berührt fundamentale Probleme des menschlichen Daseins. Woher aber können die Antworten darauf kommen? Nicht vonseiten der Philosophie jedenfalls. Aber auch nicht von jenen Wissenschaften, die bislang das Wissen der Menschheit schufen. Die Disziplin, die uns hier Auskunft gibt, ist vollkommen neu und immer noch von einer Aura des Geheimnisvollen umgeben: die beobachtende Kosmologie.

Kosmologie zu betreiben heißt, das Universum in Raum und Zeit zu untersuchen, von den Anfängen bis zum möglichen Ende. Das Großartige daran ist, dass die Kosmologie gegen Ende des 20. Jahrhunderts zur *experimentellen* Wissenschaft geworden ist, denn mittlerweile lassen sich unsere Ideen über die Struktur und das Schicksal des Universums durch Beobachtungen erhärten oder widerlegen. Doch wie wurde dies überhaupt erst möglich? Indem man sich der Beobachtungssatelliten bediente, die es erst seit wenigen Jahren gibt. Diese »Astronomen aus Metall« haben eine unglaubliche Reichweite und sind außergewöhnlich präzise.

Teleskope, wie sie in den Dreißigerjahren von Hubble und Humason benutzt wurden, reichen heute nicht mehr aus. Von unserem Planeten aus, der in einer Wolke aus Sternenstaub und Strahlung unterschiedlichster Wellenlänge liegt, lassen sich auf diese Weise keine hinreichend genauen Beobachtungen mehr machen, um neue Erkenntnisse zu gewinnen. Wenn wir zur Tiefe des uranfänglichen Lichts vordringen wollen, müssen wir unsere Beobachtungsposten weit in den Raum hinaus verschieben.

Wie aber soll das funktionieren? Was sind das für fabelhafte Apparate, die uns mit ihrer komplexen Bauweise dabei zur Hand gehen? Wie kam der Mensch dazu, solche »metaphysischen Maschinen« zu bauen, die ihm helfen, endlich Aufschluss über seine Ursprünge zu erlangen?

Es waren ihrer drei. Drei solche Himmelsstürmer haben seit 1989 methodisch die Tiefen des Universums Meter für Meter durchforstet. Alle drei mit der nämlichen Mission: Aufnahmen vom »Hintergrund« des Universums zu machen. In dem Augenblick, in dem sie diese Zeilen lesen, schießt immer noch einer der drei Satelliten laufend Bilder vom Kosmos. Wie ein unendlich geduldiger Fotograf nehmen die Satelliten sich viel Zeit, um die Photonen aufzufangen, die aus der Zeit des Big Bang stammen, die Photonen des ersten Lichts. Dank Satellitentechnik verfügen wir heute über eine höchst präzise erste Karte des Universums, aus der Zeit, als es noch in der Wiege lag und als das erste Licht sich von der Materie löste. Die metallenen Astronomen sind es, die uns Informationen liefern, mit deren Hilfe wir das Wunder vollbringen: Zum ersten Mal können wir zurückgehen bis zur Zeit des Big Bang.

Wir hatten das unglaubliche Privileg, uns mit den Männern austauschen zu dürfen, die über Jahre hinweg Tag für Tag die Messungen und Auswertungen überwachten: George Smoot und John Mather für *COBE* (1989), Charles L. Bennett für *WMAP* (2001) sowie Jean-Loup Puget und Jean-Michel Lamarre für *Planck* (2009).[42]

Wie sollte man angesichts des ersten Lichtstrahls, der das Herz der Dunkelheit zerriss und die kosmische Nacht erhellte, nicht in ehrfürchtiges Staunen verfallen? Ist es nicht ein Wunder, dass Sie heute in Ihrem Wohnzimmer die Überreste dieses Lichts wahrnehmen können, eines Lichts, das aus der Wiege des Universums stammt und seit Milliarden Jahren unterwegs ist? Die technischen Wunderkinder sind also in den Weiten des Raums unterwegs, um Ihnen einen Blick ins »Antlitz Gottes« zu ermöglichen, wie George Smoot dies ausdrückte.

Kapitel 12

Das »Gesicht Gottes« fotografieren

Der erste unserer metallenen Helden heißt *COBE (Cosmic Background Explorer* oder »Erforscher des kosmischen Hintergrunds«). Wie Sie wissen, hat er seinem »Vater« George Smoot und dessen Kollegen John Mather 2006 den Nobelpreis eingebracht. Ja, ebenjenem George Smoot, der die Metapher vom »Antlitz Gottes« geprägt hat.

Das ganze Abenteuer begann in den Siebzigerjahren. Es brauchte lange Jahre, bis nach zahllosen Versuchen und ebenso zahllosen Irrtümern dieses einzigartige Wunder der Technik fertiggestellt war, das heute schon zum Mythos geworden ist. Am 18. November 1989 aber ist der Tag gekommen: *COBE* soll in seine Umlaufbahn gebracht werden. Der Space Shuttle war am 28. Januar 1986 explodiert; er war jetzt durch eine Delta-Rakete ersetzt, die *COBE* in seine Umlaufbahn bringen sollte. Smoot erzählt, wie unruhig er nach dem *Challenger*-Unglück war: »Bei einem früheren Besuch hatte ich die Rakete aus der Nähe gesehen, und ich war über ihren klapprigen Zustand entsetzt: Hier und da war Rost zu sehen, an etlichen Stellen war sie ausgebessert, mit Kunstharz repariert worden. Auf so einem Ding ruhte das Werk unseres ganzen beruflichen Lebens.«[43]

Dann war es so weit: Countdown und Zündung. Die Startrampe ist in Flammen gehüllt, in unheimlicher Stille steigt die Rakete auf. Tonnen von Metall heben langsam von der Erde ab. Sekunden später lässt das donnernde Geräusch der Schockwelle alle erzittern. Während das stählerne Ungeheuer in die Lüfte steigt, ergießen sich Tausende Tonnen Wasser auf die Startrampe, um die Schallwellen zu dämpfen.

Dreißig Sekunden nach der Zündung durchbricht die Rakete die Schallmauer und steigt immer höher. Zwei Minuten nach dem Start erreicht sie eine Höhe von 40 Kilometern und steigt mit 2000 Metern pro Sekunde weiter. Nach 240 Sekunden zündet die zweite Stufe, die erste wird abgeworfen und stürzt zu Boden. Fünf Sekunden später erreicht die Rakete eine Höhe von 112 Kilometern. Die Verkleidungen springen ab. *COBE* rast jetzt mit einer Geschwindigkeit von 5000 Metern pro Sekunde durchs All. Zehn Minuten nach dem Start: Das Triebwerk der zweiten Stufe schaltet ab, die dritte springt an. Sie wird *COBE* mit einer Geschwindigkeit von mehr als zehn Kilometern pro Sekunde in die Umlaufbahn tragen. Einige Minuten später hat der Satellit seine Bahn erreicht. Nun zieht er allein durch den kalten Raum, 900 Kilometer über der Erde.

Bald wird der metallene Astronom seinen langsamen Walzer beginnen und sich in etwas weniger als einer Minute einmal um sich selbst drehen. Kurz darauf wird das FIRAS genannte Infrarotspektrometer in Betrieb genommen und gibt mit erstaunlicher Geschwindigkeit seine Beobachtungen ab. Einige Wochen später verbreitet sich die Nachricht wie ein Wirbelsturm über die Erde: Die fossile Hintergrundstrahlung weist ein fast vollkommenes Schwarzkörperspektrum auf. Das zumindest verkündet die NASA auf ihrer Webseite. Aber was hat das nun zu bedeuten? Zum einen, dass die Hintergrundstrahlung nur anhand ihrer Temperatur vermessen werden kann. Und diese liegt wirklich sehr niedrig, nämlich genau 2,725 Grad über dem absoluten Nullpunkt. Das wiederum bedeutet, dass fast die gesamte Energie des beginnenden Universums im ersten Jahr nach dem Big Bang frei wurde.

Aber damit nicht genug. Dass sich die kosmische Hintergrundstrahlung mit der Idealkurve der Schwarzkörperstrahlung nahezu deckt, bedeutet, dass das Universum sich verhielt wie ein geschlossenes System (quasi wie ein Schmelzofen) und dass das erste Licht sich in einem nahezu vollkommenen thermischen Gleichgewicht befand. Das entscheidende Wort ist hier »nahezu«. Denn das vollkommene thermische Gleichgewicht kann nach der Voraussage des Standardmodells der Kosmologie, der Big-Bang-Theorie, nur viel früher geherrscht haben, *im Moment des Big Bang*. Dieses uranfängliche Gleichgewicht, das nur den Bruchteil eines Augenblicks gedauert hat (die »Planck-Zeit«), birgt ein erstaunliches Geheimnis: Wie wir in unseren Arbeiten ausführen, erlaubt es uns, Einblick zu nehmen in das, was vor dem Big Bang gewesen sein könnte. Auf diesen wichtigen Punkt werden wir später noch zurückkommen.

Als John Mather 1990 in einem brechend vollen Presseraum seine ersten Resultate bekannt gibt, herrscht zunächst vollkommene Stille. Dann aber erheben sich alle Anwesenden und klatschen minutenlang Beifall.

Doch *COBE* sollte noch weitere Daten übermitteln. Die zweite große Entdeckung, die sich aus diesen Daten gewinnen ließ, wurde am 23. April 1992 vorgestellt. Die fantastischen Bilder vom ersten Licht schafften es auf die Titelseiten der *New York*

Times und zahlreicher anderer Zeitschriften in der ganzen Welt. Sie lösten weltweit begeisterte Reaktionen aus, dies umso mehr, als ja bei dieser Gelegenheit George Smoots oft zitierter Ausspruch vom »Antlitz Gottes« fiel.

Um besser zu verstehen, weshalb Smoot, der 14 Jahre später für seine Arbeit den Physik-Nobelpreis erhielt, das gesagt hat, müssen wir uns seine berühmte Metapher einen Moment lang vergegenwärtigen. Worum handelt es sich bei diesen Aufnahmen? Um die ersten Messungen, die das Universum zeigen, als es noch in den Kinderschuhen steckte. Der »Fotoapparat«, mit dem diese Aufnahmen gemacht wurden, heißt DMR und ist ein differenzielles Mikrowellenradiometer Es misst die Mikrowellenstrahlung in drei verschiedenen Wellenlängen und kann dabei auch noch die kleinsten Temperaturschwankungen in der kosmischen Hintergrundstrahlung entdecken. Es wird ein voller Erfolg.

Was also ist nun auf diesen Bildern zu sehen? Zunächst eine an den Polen abgeflachte Kugel von dunklem Blau, als wäre sie von der Nord- bis zur Südhalbkugel von einem tiefen Ozean bedeckt. Und dann... Flecken. Sie ziehen sich wie Inseln und Kontinente durch das Blau und sind von hellblauer, violetter und purpurroter Farbe. Schon hier rühren wir an das tiefste Geheimnis: Was sagen uns diese Bilder? Dass es im Herzen des ersten Lichts winzige Temperaturdifferenzen gibt. Damit aber ist die Sensation perfekt! Die Großtat Smoots und seines Teams besteht letztlich im Nachweis, dass die fossile Hintergrundstrahlung nicht uniform ist und nicht durchgehend dieselbe Temperatur aufweist. Smoot hat ein hochempfindliches Mikrowellenradiometer geschaffen, mit dessen Hilfe *COBE* Temperaturschwankungen mit geradezu phänomenaler Exaktheit messen kann: Es registriert Abweichungen von wenigen hunderttausendstel Grad. Eine unglaubliche Leistung, vergleichbar mit einem Menschen, der mit einem Blick unter 100 000 Personen die einzige herausfindet, die größer als 1,90 Meter ist.

Allmählich sickert diese unglaubliche Entdeckung ins Bewusstsein der Menschheit: Es gibt minimale Schwankungen in der kosmischen Hintergrundstrahlung. Bestimmte Regionen (auf den Aufnahmen in Rot) sind etwas wärmer als andere (in Blau). Die Astronomen bestätigen bald, dass sich in dieser Temperaturverteilung der entscheidende Hinweis auf unsere Ursprünge findet. Denn die roten Flecken, die etwas wärmer sind als der Rest, sind vermutlich die »Urahnen« unserer Galaxien.

Und es kommt noch besser. Viele Kosmologen sind vor allem verblüfft über das geringe Ausmaß dieser Temperaturunterschiede: Die sogenannten »Falten in der Zeit« sind so winzig, dass sie beinahe unbedeutend erscheinen: wenige hunderttausendstel Grad! Doch die Bilder zeigen auch überdeutlich: Wäre diese Abweichung nur um ein Weniges größer, wäre unser Universum eine Ansammlung Schwarzer Löcher geworden. Wäre sie nur ein winziges bisschen geringer, dann hätten wir statt Erde, Sterne und Planeten heute nur öde Gaswolken!

All das weiß George Smoot. Die unregelmäßigen farbigen Flecken faszinieren ihn. Er sieht darin den heiligen Gral der Kosmologie. Und er ist sicher: Jede einzelne dieser Spuren enthält Fragmente vom Rätsel unseres Ursprungs. Diese Fragmente zu entziffern kommt der Lösung des Rätsels gleich. Denn wie wir wissen, geht er davon aus, dass sich Spuren aktueller Strukturen in den ältesten Überresten der Schöpfung finden lassen müssen.[44] Dies vorausgesetzt, ist klar, wo es diese Spuren zu suchen gilt: in der kosmischen Hintergrundstrahlung. Das vereinfacht letztlich die Aufgabe. Schließlich hat zwei Jahre zuvor Smoots Kollege John Mather (der gemeinsam mit Smoot den Nobelpreis erhielt) herausgefunden, dass die fossile Hintergrundstrahlung sich wie ein fast perfekter Schwarzkörper verhält.

Womit sich der Kreis wieder schließt: Die minimalen Temperaturschwankungen, die *COBE* misst, sind genau die »Falten«, die man im ersten Licht des Universums erkennen kann. In den blauen, kälteren Regionen weist die entstehende Materie eine geringere Dichte auf, in den roten hingegen ist sie stärker konzentriert. Dort, in diesen dichteren Regionen, werden sich sehr viel später die ersten Galaxien und Galaxienhaufen bilden.

Doch damit stellt sich sofort eine weitere Frage, der George Smoot im letzten Kapitel seines Buches nachgeht: Woher kommen diese Verdichtungen? Wie und warum sind sie in der fossilen Hintergrundstrahlung entstanden? Diese Frage lässt sich bis heute nicht beantworten. Am Ende dieses Buches werden wir Ihnen ein mögliches Erklärungsmodell vorstellen, das durch die Messdaten des neuen Satelliten namens *Planck* bestätigt werden kann. Doch dazu später.

Bis dahin bleibt uns nur, die noch offenen Fragen (die Sie sicher genauso interessieren wie uns) zusammenzufassen: Welche Form besitzt das Universum? Ist es begrenzt? Was versteht man unter »dunkler Energie«? Interessanterweise hängt die Antwort auf diese »großen« Fragen der Kosmologie letztlich von einem anderen Problem ab, das wir uns zu lösen anschicken: *Wie kam es zum Big Bang?*

Die Antwort hierauf liefert eine neue Generation von Satelliten. Denn *COBE* sollte einen Nachfolger bekommen, genannt *WMAP*, der sich im Sommer 2001 anschickt, den Kosmos zu erkunden.

Kapitel 13

Das Universum in den Kinderschuhen

WMAP: Vermutlich haben Sie längst von ihm gehört. Er ist der zweite metallene Astronom der Geschichte, der Nachfolger von *COBE.* Bis zum Jahr 2002 hieß er nur *MAP* (engl. für »Karte«). Und das W? Es steht für den Anfangsbuchstaben von David Todd Wilkinsons Familiennamen, welcher ihm zu Ehren dem Namen des Satelliten vorangestellt wurde. Denn dreißig Jahre zuvor hatte Wilkinson zusammen mit Robert Dicke, Jim Peebles und Peter Roll (das Dreamteam der Universität Princeton) die Existenz der geheimnisvollen kosmischen Hintergrundstrahlung vorhergesagt – ein paar Monate bevor sie von Penzias und Wilson entdeckt worden war. Wenn Sie die Webseite der NASA aufrufen und dort nach der Mission »*WMAP*« suchen, lesen Sie dort folgendes Zitat aus dem *Science Magazine:* »*WMAP* ist ein Apparat, der den Wissenschaftlern zum ersten Mal erlaubt, die Musik des Himmels zu hören ...«[45] Eine andere Ausdrucksweise dafür, das »Gesicht Gottes« zu erblicken.

Wie sieht dieses Wunderwerk der Technik aus? Zwei Scheiben, die als Antennen dienen, ein großer Schild zum Schutz gegen die Sonne – all das mit nur ein paar Meter Durchmesser und einem Gewicht von etwa 800 Kilogramm. Die Raumsonde wird am 30. Juni 2001 ins All geschossen. Doch anders als ihren berühmten Vorläufer schickt man sie zunächst einmal weit, weit weg: etwa 1500-mal weiter weg als *COBE.* Das ist nötig, um eine neue Karte vom Hintergrund des Universums zu erstellen, die präziser und aussagekräftiger sein soll als alles bisher Dagewesene. Sie soll gleichsam die »Mauer des ersten Lichts« (etwa 380 000 Jahre nach dem Big Bang) durchbrechen, um uns Rückschlüsse auf die Zeit davor zu ermöglichen. Auf die Zeit unmittelbar nach dem Big Bang: ein Milliardstel eines Milliardstels eines Milliardstels eines Milliardstels einer Sekunde!

Die NASA ist offensichtlich entschlossen, ihre Chancen zu nutzen, denn die Sensoren der *WMAP*-Sonde sind dreißigmal so empfindlich wie die von *COBE*. Und tatsächlich begeistern die Bilder vom Universum in seinen Kinderschuhen, die von 2003 an veröffentlicht werden, die ganze Welt (vermutlich auch Sie). *WMAP* bleibt bis 2010 in Betrieb. Am 26. Januar 2010 werden die gesammelten Resultate der siebenjährigen Messungen publiziert. Und wie bei seinem Vorgänger entwickeln sich auch die Fachaufsätze der *WMAP*-Wissenschaftler zu den meistzitierten wissenschaftlichen Arbeiten seit dem Jahr 2000!

Anfang Februar 2010, also kurz nach der Publikation der Messresultate, führten wir ein langes Telefongespräch mit Charles Bennett, dem Leiter des *WMAP*-Projekts: »Wenn ich die fünf größten Entdeckungen der *WMAP*-Sonde zusammenfassen soll, dann ...«, sagt er und zählt mit ruhiger Stimme die wichtigsten Forschungsergebnisse der Raumsonde auf.

Da ist zunächst die Karte der fossilen Hintergrundstrahlung, die die bislang exakteste Darstellung des ersten Lichts bietet. Dort, wo *COBE* nur mehr oder weniger unförmige Flecken gemessen hat (deren Grenzen meist verschwimmen), gelingt es der *WMAP*-Sonde, eine höchst detaillierte Karte zu erstellen. Das liegt schlichtweg daran, dass der Messroboter Temperaturschwankungen von unvorstellbar geringem Ausmaß registrierte: Die roten und gelben Punkte zeigen Stellen, die ein hunderttausendstel Grad wärmer sind, die grünen und blauen Raumanteile sind zwei hunderttausendstel Grad kälter. Die Raumsonde kann Temperaturschwankungen im Bereich von weniger als ein hunderttausendstel Grad messen. Dazu kommt eine deutlich verbesserte Auflösung, sodass sich dort, wo die *COBE*-Aufnahmen vergleichsweise unscharf waren, präzise Bilder ergeben.

Darüber hinaus liefert uns *WMAP* genauere Informationen über das Alter des Universums. Der genaue Wert lässt sich nun mit größerer Exaktheit bestimmen: Es sind nicht 13,7 Milliarden Jahre, sondern 13,75 ± 0,12 Milliarden Jahre. Natürlich fand diese Zahl sofort Eingang ins Guinness-Buch der Rekorde: unter »Langlebigkeit«.

Das dritte bedeutsame Resultat der *WMAP*-Messergebnisse ist, dass der Raum im Universum (also der dreidimensionale Raum, in dem wir leben), vereinfacht gesagt, *flach* ist, mit einer Abweichung von etwa einem Prozent, wie auf der NASA-Webseite zu lesen ist. Nun, auf dieses eine Prozent kommt es an. Denn diese minimale Abweichung bedeutet, dass die gemessenen Daten auch mit einer leicht positiven Krümmung des Raums vereinbar wären (im einfachsten Fall hätte er damit die Form einer dreidimensionalen Kugeloberfläche). Wir werden wenig später noch auf dieses Faktum eingehen und eine Antwort auf dieses faszinierende Problem vorschlagen, die – wie wir denken – die *WMAP*-Messergebnisse erklärt.

Für den Augenblick aber wollen wir uns die vierte große Erkenntnis anschauen, die *WMAP* brachte: die Existenz der dunklen Energie. Schon der Begriff löst einen gewissen Schauder aus. Doch was hat es damit auf sich? Es handelt sich dabei um eine bislang völlig unbekannte Energie – mit einem recht spektakulären Effekt: Sie beschleunigt möglicherweise die Expansion des Universums. Denn wie wir bereits wissen, dehnt der Kosmos sich mit jeder Sekunde immer weiter ins Unendliche aus. *WMAP* liefert in dieser Hinsicht eindeutige Ergebnisse: Die gute, alte, aus Atomen aufgebaute Materie, wie wir sie kennen, macht nur etwa vier Prozent des Universums aus. Und der Rest? Etwa ein Viertel des Universums besteht *WMAP* zufolge aus dunkler Materie. (Die Existenz einer nicht aus Atomen bestehenden Materie postulierten Einstein und Willem de Sitter schon in den Dreißigerjahren.) Nahezu drei Viertel des Universums aber sollen aus dunkler Energie bestehen. Das Problem ist nur, dass bis heute niemand so recht sagen kann, was diese dunkle Energie genau sein soll. Oder gar woher sie kommt. Ein Mysterium!

An dieser Stelle möchten wir eine mögliche Interpretation wagen. Wir glauben nämlich, dass der Ursprung der dunklen Energie nicht hier, in unserem Universum, zu suchen ist. Genauer gesagt: nicht *nach*, sondern *vor* dem Big Bang. Auch darauf werden wir später genauer eingehen. Doch dass ihre Existenz zweifelsfrei festgestellt werden konnte, ist an sich schon ein gewaltiger Fortschritt.

Die letzte große Entdeckung, die *WMAP* mit sich bringt, bezieht sich auf das, was sich ein Milliardstel eines Millardstels eines Millardstels eines Millardstels einer Sekunde nach dem Big

Bang abgespielt hat: Diesen Zeitraum nennt man die »inflationäre Phase« des Universums, in deren Verlauf unser Kosmos sich um das 10^{50}-fache vergrößerte. Auf der Webseite der NASA heißt es dazu. »*WMAP* hat entscheidende Hinweise auf die inflationäre Phase gegeben.« Und damit sind wir dem Zeitpunkt der Schöpfung, wenn man so will, tatsächlich sehr viel näher gerückt. Auch hier sehen wir unsere Überzeugung bestätigt, dass bestimmte Phänomene, die sich nach dem Big Bang beobachten lassen, nur dann verstanden werden können, wenn sie ihren Ursprung vor dem Big Bang haben. Auch darauf werden wir später noch genauer eingehen.

In jedem Fall aber haben die Messergebnisse der *WMAP*-Sonde uns im Hinblick auf den Ursprung des Universums einen Riesenschritt vorwärtsgebracht und eine Reihe hochinteressanter Fragen aufgeworfen. Da ist zum Beispiel die geheimnisvolle »dunkle Strömung«. Die Astronomen des amerikanischen Goddard Space Flight Center haben festgestellt (unter anderem durch Auswertung der *WMAP*-Resultate), dass mehrere Galaxienhaufen in einer Entfernung von bis zu drei Milliarden Lichtjahren sich mit etwa drei Millionen Stundenkilometern auf eine bestimmte Region des Universums zubewegen. Was könnte der Grund dafür sein? Man vermutet, dass es eine Gravitationsquelle jenseits unseres Beobachtungshorizonts, also der Grenzen des sichtbaren Universums, geben könnte. Vielleicht aber handelt es sich auch um etwas anderes.

Und was soll man von folgender Meldung auf der Webseite

der NASA halten? »Die Fluktuationen der Hintergrundstrahlung erscheinen zufällig. Doch gibt es gewisse Hinweise auf Abweichungen von einer reinen Zufallsverteilung, die im Moment genauer untersucht werden. Statistisch bedeutsame Abweichungen wären ein klarer Hinweis auf eine neue physikalische Ordnung im entstehenden Universum.«

Doch es gibt Fragen, die nicht ganz so schwierig zu lösen sind. Zum Beispiel: Woher kommen die »Falten in der Zeit«, von denen hier schon einige Male die Rede war? Woher stammen die winzigen Temperaturschwankungen, die man im Schoß der Reststrahlung des ersten Lichts beobachten kann? Woraus besteht die dunkle Energie? Und woher rührt der Big Bang?

Wir wollen hier keine Sensationshascherei betreiben. Wir werden nur einfach versuchen, in diesem Buch – in aller Bescheidenheit – Lösungsansätze zu diesen Fragen vorzulegen (die ohnehin eng miteinander verknüpft sind). Natürlich wird der Wert dieser Hypothesen letztlich davon abhängen, ob sie durch Messungen bestätigt werden. Wir erwarten weitere Aufklärung von den *WMAP*-Messungen, deren Auswertung noch nicht abgeschlossen ist. Doch es gibt auch gute Nachrichten: Viele der Fragen, über die sich die Experten im Moment den Kopf zerbrechen, könnten gelöst werden, wenn die ersten Messergebnisse von *Planck* eintreffen, der dritten Raumsonde, welche die fossile Hintergrundstrahlung vermessen soll. *Planck* ist ein weiterer technologischer Meilenstein, den wir Ihnen im nächsten Kapitel vorstellen wollen.

Kapitel 14

Die Plancksche Mauer

In dem Moment, in dem Sie die Seiten dieses Buches umblättern, findet eines der fantastischsten Experimente in der Geschichte der Kosmologie statt, welches das menschliche Wissen noch weiter voranbringen wird als *COBE* oder *WMAP*. Worum es dabei geht? Wir müssen nur die offizielle Webseite der Europäischen Raumfahrtbehörde ESA oder die ihres amerikanischen Gegenstücks, der NASA, konsultieren, um die Tragweite dieses Experiments abschätzen zu können.[46] Das California Institute of Technology meint dazu: »Die Mission, die von der ESA in Zusammenarbeit mit der NASA durchgeführt wird, wird dazu beitragen, eine der grundlegendsten Fragen überhaupt zu beantworten: ›Wie konnte der Raum seinen Anfang nehmen und sich ausbreiten, um zu dem Universum zu werden, in dem wir heute leben?‹«[47] Wir warten auf die Antwort. Eine Antwort, die unser bisheriges Weltbild von heute auf morgen umstoßen könnte.

Stellen Sie sich vor …

Etwa eineinhalb Millionen Kilometer von Ihnen entfernt gibt es eine erschreckend andere Welt. Dort ist es sehr dunkel und sehr kalt. Nicht einmal drei Grad über der tiefsten Kälte, dem absoluten Nullpunkt. Das sind etwa –270 °C. Rundum nur leerer Raum – und die Sonne. In der Ferne sieht man andere

Sterne, andere Sonnen, die in der Stille leuchten. Doch in dieser menschenfernen Leere findet sich auch noch etwas anderes: ein zylindrisches Gebilde aus Metall, das ungefähr zwei Tonnen wiegt und vier Meter Durchmesser hat. Das ist in etwa die Länge eines Autos! Der Apparat schwebt mit mehreren Zehntausend Stundenkilometern Geschwindigkeit durch die Finsternis. Und dreht sich jede Minute einmal um sich selbst.

Dieses winzige Zeichen unserer Zivilisation ist ebenjene Raumsonde, die wir Ihnen bereits vorgestellt haben: *Planck*. Sie wurde am 14. Mai 2009 ins All geschickt. Im Gegensatz zu ihren Vorgängern ist die *Planck*-Sonde ein im Wesentlichen europäisches Gesamtkunstwerk. Schon der Name enthüllt einen faszinierenden Doppelsinn. Denn zum einen erinnert er an den großen deutschen Physiker Max Planck. Zum anderen wird uns die Sonde helfen, uns der letzten Grenze der Wirklichkeit anzunähern und dorthin zu gelangen, wo mit dem Urknall alles begann: zu einem Bereich jenseits der Planckschen Mauer. Zum ersten Mal könnte es möglich sein, diese überhaupt zu »sehen«. Eine Utopie? Keineswegs. Eher eine Herausforderung. Darüber hinaus wissen wir, dass die fossile Hintergrundstrahlung, die die Sonde genauer untersuchen soll, das perfekte Spektrum eines Schwarzkörpers hat. Dieses Spektrum aber wird mit dem »Planckschen Strahlungsgesetz« beschrieben.

Die Idee zu dieser Mission entstand vor etwa 17 Jahren in Frankreich an einem der großen Forschungsinstitute für Astrophysik: dem Institut d'Astrophysique Spatiale. Damals arbeitete eine Forschergruppe an einem Satelliten, der sich nun mit *Planck* die kosmischen Weiten teilt. Sein Name ist *Herschel,* und seine Aufgabe ist es, die Entstehung von Galaxien im jungen Universum und die Bildung von Sternen im Inneren der Galaxien genauer zu untersuchen. Im Jahr 1993 hat Jean-Michel Lamarre, einer der Astrophysiker der *Herschel*-Gruppe, eine Idee: Warum sollte man nicht einige der technischen Errungenschaften, die für *Herschel* geplant sind, bei einem anderen Satelliten einsetzen? Einem Satelliten, der wie *COBE* die Aufgabe hätte, die Hintergrundstrahlung genauer zu erforschen – aber mit einer wesentlich verbesserten Messgenauigkeit.

Einer im Vergleich zu *COBE* ums Tausendfache verbesserten Mess- und Auflösungsgenauigkeit!

Der Vorschlag trifft auf offene Ohren. Die Wissenschaftler vom Institut d'Astrophysique Spatiale sind begeistert. Sehr schnell bildet sich eine Forschergruppe um Jean-Loup Puget von der französischen Akademie der Wissenschaften. Und schon nimmt das Abenteuer seinen Anfang. Jean-Loup Puget wird zum Projektleiter ernannt, Jean-Michel Lamarre zum wissenschaftlichen Leiter der Messungen. Das sind die »Planckianer«, wie sie sich selbst nennen. Heute sind es mehr als 300 Wissenschaftler, die den metallenen Astronomen betreuen und seine Daten auswerten.

Vom ersten Tag an ist allen klar: Um die Resultate von *WMAP* zu übertreffen und noch weiter in die Vergangenheit blicken zu können, muss Enormes geleistet werden. Da braucht es zunächst eine hochempfindliche Messtechnik von bislang unerreichter Präzision. Woher aber nehmen? Der pragmatische Jean-Michel Lamarre hat die Lösung schnell gefunden: Warum sollte man die Raumsonde nicht mit dem Detektor für die ferne Infrarotstrahlung ausstatten, der bei *Herschel* so gute Dienste leisten wird? Immerhin kennt Lamarre diese Technik aus dem Effeff. Diese könnte man mit einem völlig neuartigen Kühlsystem versehen. So wird das HFI, das *High Frequency Instrument*, geboren, das Herzstück der *Planck*-Mission. Dieses Messinstrument arbeitet nur bei den niedrigsten Temperaturen im Universum, also bei einer Temperatur von 0,3 Kelvin oder –272,85 °C! Jean-Michel Lamarre hat das Heft aufbewahrt, in dem er die ersten Skizzen zu *Planck* und seinem hochsensiblen HFI gemacht hat, das mit superfluidem Helium gekühlt wird. Mit diesen Bildern feierte die Royal Society of London den 348. Jahrestag ihres Bestehens. Sie können sie sich auf den letzten Seiten dieses Buches ansehen.

Planck wurde also mit seinem »Kollegen« *Herschel* an Bord einer Ariane-Rakete in seine Umlaufbahn gebracht. Die geniale Kühlmethode macht aus dieser Raumsonde das *kälteste* Objekt im Universum. Kälter jedenfalls (um 2,7 Grad) als der Raum selbst, obwohl die Temperatur dort den absoluten Nullpunkt fast erreicht. Mit der Folge, dass *Planck* heute das leistungsstärkste »Thermometer« aller Zeiten ist. Seine Detektoren, die man auch »Bolometer« nennt (ein Wort, das Sie sich merken sollten), sind so empfindlich, dass sie Temperaturschwankungen registrieren, die nur von einer »Handvoll« Photonen verursacht werden und daher fast unvorstellbar gering sind: eine Million Mal kleiner als ein Grad! Genauer gesagt zwischen zwei und sechs millionstel Grad! Wenn Sie sich einen voll belegten Badestrand vorstellen, könnte *Planck* uns sofort sagen, ob ein neues Pärchen dazugekommen oder gerade gegangen ist. Oder ob auf einer Wiese mit einer Million Gräsern zwei oder drei fehlen. Dieser Detektor könnte von der Erde aus die Wärmestrahlung einer Katze auf dem Mond messen!

Kombiniert mit einer verbesserten Auflösung, ist er dreißigmal genauer als der *WMAP*-Detektor und tausendmal genauer als die *COBE*-Instrumente. Um ein exaktes Bild des ganzen Universums zu erstellen, braucht er ein Jahr, wohingegen *WMAP* 450 Jahre gebraucht hätte! Auf *Planck* ruhen also nun die Hoffnungen aller. Wird diese Sonde uns den Schlüssel an die Hand geben, mit dessen Hilfe wir auch die geheimste Pforte des Universums öffnen können?

Und was würden wir wohl dahinter finden? Welche Erwartungen stellt man eigentlich an *Planck*? Hierzu hat uns Jean-Michel Lamarre, der wissenschaftliche Leiter der Messungen, am 18. März 2010, dem Tag nach der Erstveröffentlichung von *Planck*-Bildern von Regionen des Universums, die bislang durch Sternenstaub verdeckt worden waren, Folgendes mitgeteilt:

> *Planck* mit seinem HFI-Detektor wird uns ermöglichen, völlig neue Karten des Universums zu erstellen, die uns Hinweise auf zwei wichtige Punkte geben werden. Wir werden ein komplettes Bild der fossilen Hintergrundstrahlung erhalten, die nach dem Big Bang ausgesandt wurde, als das Universum nur

0,003 Prozent seines jetzigen Alters erreicht hatte. *Planck* ist tausendmal empfindlicher als *COBE* und dreißigmal empfindlicher als *WMAP* und kann mit einer besseren Winkelauflösung (zehnmal mehr Pixel) und weniger Rauschen (bei einem Foto würde man sagen mit weniger ›Korn‹) arbeiten. Auf diese Weise werden wir in die Lage versetzt, die zahlreichen Theorien, die es zur Entstehung und Entwicklung des Universums gibt, auf den Prüfstand zu stellen. Wir haben uns große Mühe gegeben, um alle Effekte zu vermeiden, welche die Interpretation der Daten verfälschen könnten.

Die erste detaillierte Karte des Himmels in einem Wellenlängenbereich zwischen 0,3 und 3 mm wird uns Aufschluss über die gesamte kalte Materie in unserer und anderen Galaxien geben. Die Teilkarte, die wir bislang veröffentlicht haben, zeigt, wie der Sternenstaub im interstellaren Raum beschaffen ist und wie die Kondensationsfelder aussehen, in denen sich neue Sterne bilden. All das spielt sich bei einer Temperatur von nur etwa zehn Grad über dem absoluten Nullpunkt ab. Auf solche Messungen warten wir seit mehr als 35 Jahren, seitdem Guy Serra seine ersten Beobachtungen gemacht hat.[48]

Auf diesen beiden Gebieten erwarte ich enorme Fortschritte und finde die ersten Resultate schon ganz erstaunlich.«

Denn tatsächlich liefert *Planck* schon erste Resultate. Seit dem 17. März 2010 finden Sie auf der Webseite der ESA atemberaubende Bilder vom Sternenstaub (etwa zehn bis zwanzig Grad über dem absoluten Nullpunkt), die uns Rückschlüsse ermöglichen auf das Geheimnis der Entstehung jener Sterne, die wir Tag für Tag vor Augen haben.

Doch damit ist *Planck* noch keineswegs mit seinem Latein am Ende,[49] denn er wird uns dort Antworten geben, wo *WMAP* an seine Grenzens stieß. Mit welcher der Fragen, die wir danach ein für alle Mal beantwortet finden könnten, sollen wir also beginnen? Vielleicht mit der fast schon naiven Frage: Warum ist das Universum nur so perfekt abgestimmt?

Kapitel 15

Warum ist das Universum so fein abgestimmt?

An einem Juniabend im Jahr 1990 treffen wir uns in der Académie Française mit dem Philosophen Jean Guitton und André Lichnerowicz, einem der größten mathematischen Physiker des 20. Jahrhunderts. In dem Gespräch geht es um das Buch über Chaos und Determinismus, das die beiden Gelehrten eben veröffentlicht haben.[50]

Jean Guitton erzählt von seiner Kindheit, dann kommt er auf eine der Fragen zurück, die wir im Laufe unserer Gespräche über Gott und die Wissenschaft[51] erörtert haben. Unvermittelt, fast tonlos kommt seine Stimme unter dem Filzhut hervor, den er trägt, seit er das Haus verlassen hat: »Wie kann es sein, dass die Größe eines Menschen gleich dem Radius der Erde multipliziert mit dem eines Atoms ist? Oder dass die Masse eines beliebigen Menschen gleich der Masse der Erde multipliziert mit der eines Atoms ist?«

Mit Worten, die der Metapher stets mehr verpflichtet sind als der Wissenschaft im strengen Sinne, stellte Jean Guitton an jenem Abend eine Frage, die die Physiker der Welt seit langer Zeit beschäftigt: die der »auffälligen Koinzidenzen«, die zwischen bestimmten Größen im Weltall existieren und diesem einen Sinn zu verleihen scheinen. Denn auffällig sind diese Übereinstimmungen tatsächlich. Wenn man sich mit diesen Dingen beschäftigt, wird schnell klar, dass der Mensch, das Leben und das Universum als solches nie hätten entstehen können, wenn im Moment des Big Bang der Wert dessen, was man heute »Fundamentalkonstanten« nennt, auch nur um ein Geringes anders gewesen wäre.

Vermutlich haben Sie von dieser erstaunlichen Feststellung schon gehört. Und doch hält sie für uns eine Überraschung bereit. Auf den ersten Blick nämlich scheinen weder die Erde noch der Mensch im Mittelpunkt unseres Universums zu stehen. Sieht man aber genauer hin, scheint alles so fein »abgestimmt«, als weise der gesamte Kosmos von der Atomstruktur bis hin zu den großen Sternen ebenjene Eigenschaften auf, die nötig sind, damit sich der Mensch darin entwickeln konnte.

Denken wir zum Beispiel an die sogenannte »starke Kernkraft«. Wie Sie wissen, wirkt sie wie eine Art »Leim«, der das Atom im Innersten zusammenhält. Dank ihrer werden Protonen und Neutronen im Atomkern festgehalten. Dies stellt sicher, dass die Materie auf unserer Ebene nicht in sich zusammenfällt. Oder nehmen wir die elektromagnetische Kraft, von der Stephen Hawking sagt: »Wäre beispielsweise die elektrische Ladung des Elektrons nur ein wenig von ihrem tatsächlichen Wert abgewichen, wären die Sterne entweder nicht in der Lage gewesen, Wasserstoff und Helium zu verbrennen, oder sie wären nicht explodiert.«[52]

Ein anderes Beispiel: Wäre die Expansionsrate des Universums eine Sekunde nach dem Big Bang nur um ein Milliardstel geringer gewesen, wäre der im Entstehen begriffene Kosmos in sich selbst zusammengestürzt, bevor er seine aktuelle Größe hätte erreichen können. Wäre sie hingegen um ein Winziges höher gewesen, hätten die Sterne nie entstehen können.

Das kann einem schon zu denken geben. Was wäre geschehen, wenn eine oder mehrere der Größen, auf denen das Funktionieren unseres Universums beruht, von Anfang an einen nur minimal anderen Wert aufgewiesen hätte? Wenn Sie Architekt sind, können Sie sich das ohne Weiteres vorstellen, denn auch ein Gebäude stürzt in sich zusammen, wenn es nicht *exakt* statisch geplant wird. Es sieht aber ganz so aus, als wäre das Universum ebenfalls unter solch einer Vorgabe der Exaktheit entstanden: Ein ungenauer, unbestimmter Kosmos ist tatsächlich kaum vorstellbar. Niemand käme wohl auf die Idee, einen Stern zu bitten, auf seine – vielleicht poetische, vielleicht konfuse – Weise das Gravitationsgesetz zu erläutern. Man erwartet aber sehr wohl von ihm, dass er diesem Gesetz gehorcht, und zwar ohne jede wie auch immer geartete Abweichung. Wenn wir die Augen zum Himmel erheben, wird uns ohne Umschweife klar, dass die Sterne nichts erfinden können: Im Kosmos herrscht eine geradezu furiose Exaktheit.

Hat ein sterbender Stern beispielsweise das Stadium des Roten Riesen erreicht, mag er uns unentschieden vorkommen, was seine Zukunft angeht (Wird er zum Neutronenstern oder zum Schwarzen Loch?), doch er wird ebenjenem stellaren Szenario folgen, das seine Masse für ihn vorsieht: Wenn er in sich zusammenstürzt, gehorcht er dem Gesetz der Gravitation. Denn seine Geschichte als Stern ist eben nicht nur individuell: Sie wird bestimmt von den physikalischen Gesetzen, denen Sterne im Allgemeinen folgen, und nicht nur Sterne, sondern auch Planeten, Wolken, Vögel, Hunde, Häuser, Mikrowellenherde und Handys.

Im Mai 2000, als wir noch an der Fertigstellung unserer Doktorarbeit saßen, versicherte uns David Wilkinson, einer der Väter der *WMAP*-Sonde: »Ich bin mir gewiss, dass unsere Raumsonde bald bestätigen wird, dass nichts im Universum dem Zufall überlassen ist.« Und tatsächlich belegte *WMAP* einige Jahre später auf eindringliche Weise und mit ungekannter Präzision, wie die ersten Lebensjahre unseres Kosmos aussahen und mit welcher unglaublichen Exaktheit seine Anfangsbedingungen aufeinander abgestimmt waren.

Vom Atom bis hin zum Sternenhaufen erscheint das Universum auf wunderbare Weise geordnet, strukturiert und hierarchisiert, auf eine Weise, die unser Verständnis übersteigt. Auch der Aufklärer Kant hob den Blick zum Himmel und meinte: »Man kann das Weltgebäude nicht ansehen, ohne die trefflichste Anordnung in seiner Einrichtung... [und] in der Vollkommenheit seiner Beziehungen zu kennen."[53] Diese »trefflichste Anordnung in seiner Einrichtung«, die aus den Dingen das macht, was sie sind, beruht auf den physikalischen Konstanten, die wir bereits erwähnt haben. Da wären zum Beispiel die Lichtgeschwindigkeit, die Gravitationskonstante, die Planck-Zeit, die Masse des Elektrons und so weiter. Es handelt sich dabei um arithmetische Größen – Zahlen –, deren Wert mit äußerster Präzision festgelegt ist. Wie aber kamen sie zustande? Nach allem, was wir bis heute wissen, existieren diese Konstanten »seit immer und ewig«, also seit dem Anbeginn der Zeit im Big Bang, und haben sich seitdem nicht geändert.

Und welch wunderbare Fügung sorgte dafür, dass sie *genau* den Wert annehmen, der nötig ist, damit alles im Universum im Fluss bleibt? Was – oder wer – hat sie berechnet?

Sehen wir uns das alles einmal genauer an. Jede dieser Konstanten wird in einer Zahl ausgedrückt, die mehrere – manchmal bis zu dreißig oder vierzig – Dezimalstellen hat. Diese Zahlenfolgen, die mit solch unglaublicher Genauigkeit berechnet wurden und dafür sorgen, dass unser Universum in einem staunenswerten Gleichgewicht bleibt, haben viele kluge Köpfe inspiriert und fasziniert. Dazu gehören zum Beispiel der deutsche (später in den USA eingebürgerte) Hermann Weyl, der häufig skeptische Arthur Eddington sowie Paul Dirac und Richard Feynman – beides Nobelpreisträger. Doch der Charakter dieser Zahlen ist so rätselhaft wie eh und je.

Je genauer man darüber nachdenkt, umso verwirrender wird das Mysterium. Die Fundamentalkonstanten wirken auf der Makroebene des Universums ebenso wie auf der Mikroebene unseres Körpers. Kein Bereich bleibt ausgenommen. Und doch wissen wir nicht – und werden es möglicherweise auch nie herausfinden –, woher sie kommen oder wie wir etwa auf sie einwirken können. Fakt ist: Der Wert dieser Zahlen mit ihren vielen Dezimalstellen ist dafür verantwortlich, dass das Buch, das sie in Händen halten, nicht in seine Elementarteilchen zerfällt. Dass das Universum eine Art des Lebens hervorgebracht hat, das in der Lage ist, sich Gedanken über sich selbst zu machen. All das ist für den logischen Verstand so unbegreiflich, dass nicht wenige Philosophen und Wissenschaftler zu der Auffassung gelangt sind, dahinter stehe eine Art »kosmischer Absicht«.

Gegen Ende der Fünfzigerjahre entdeckten so renommierte Astrophysiker wie Robert Dicke, dass, wenn auch nur eine Ziffer in diesen Zahlenfolgen anders gewesen wäre – irgendwo also eine 2 statt einer 3 stünde –, das Universum, wie wir es kennen (und damit auch das Leben, wie es sich auf unserem Planeten zeigt), nicht hätte entstehen können. Seitdem hat die Rechenkapazität von Computern zugenommen. Wenn man heute Simulationen durchspielt, bei denen eine dieser Universalkonstanten einen minimal anderen Wert annimmt, stellt man schnell fest, dass das resultierende Universum entweder chaotisch oder leblos oder formlos oder unfähig zur Selbstorganisation gewesen wäre.

Nehmen wir als Beispiel die Gravitation. An diese Kraft und ihre Wirkung sind wir so sehr gewöhnt, dass wir meist vergessen, für wie viele Dinge sie eigentlich verantwortlich zeichnet: Sie schafft Ebbe und Flut. Sie lässt uns unter dem Gewicht unserer Einkäufe ächzen. Sie macht unsere Kegelpartien möglich. Sie wirkt also in unserem Alltag, aber ebenso »draußen« im Universum. Tatsächlich herrschen die Gesetze der Gravitation auch auf dem Mond, dem Mars, dem Pluto und auf unbekannten Planeten, die möglicherweise in einer weit, weit entfernten Galaxie um eine Sonne kreisen. Warum aber ist diese Kraft universell, also für das ganze Universum gleichermaßen gültig?

Wie alle anderen Naturgesetze scheint auch die Schwerkraft eine abstrakte, unabhängige Existenz zu besitzen, die sich nicht auf die Systeme reduzieren lässt, auf die sie wirkt. Sie ist nur in ihren Wirkungen erkennbar und lässt sich auch nur mathematisch beschreiben. Die Gesamtheit dieser Naturgesetze ist nach Parametern geordnet, die uns immer noch weitgehend unbekannt sind: Warum zum Beispiel beträgt die Lichtgeschwindigkeit genau 299 792 458 Meter pro Sekunde? Warum liegt der Wert des ersten Terms in der Gleichung für die Gravitationskonstante bei 6,674 28? Warum genau dieser Wert und kein anderer?

Bislang haben wir nur von den Fundamentalkonstanten im Allgemeinen gesprochen, ohne einen Unterschied zu machen. Doch ein paar dieser Fundamentalkonstanten besitzen noch merkwürdigere Eigenschaften: Sie sind – wie man sagt – »dimensionslos«. Das heißt, dass ihr numerischer Wert universell, also in allen denkbaren Mess-Systemen gleich ist. Man hat erst in jüngster Zeit (etwa um das Jahr 2000) entdeckt, dass das Standardmodell der Physik, das das Funktionieren des Universums erklären soll, auf etwa zwanzig solcher »dimensionslosen« Fundamentalkonstanten beruht. Eine dieser Konstanten ist die »Feinstruktur-Konstante«, die die Stärke der elektromagnetischen Kraft angibt, welche wir auch aus unserem Alltag kennen.

Sie wurde 1916 von dem deutschen Physiker Arnold Sommerfeld entdeckt, der Einstein nahestand und die Nobelpreisträger Wolfgang Pauli und Werner Heisenberg zu seinen Schülern zählte. Ihr Wert (der 2006 genau berechnet wurde) ist: 1 geteilt durch 137,035999679 ... Das ergibt: 0,0072973525376 ... Warum ausgerechnet dieser Wert und kein anderer? So recht weiß das niemand. Und auch für diese Konstante gilt: Verändert man nur eine dieser Zahlen, also beispielsweise die Sechs am Ende und ersetzt sie durch eine Sieben oder eine Fünf (oder irgendeine andere Zahl), verändert sich alles. Die elektromagnetische Kraft fällt aus und das ganze Universum hört auf zu sein!

Das störte den deutschen Physiker Max Born – einen der Begründer der Quantenmechanik und Nobelpreisträger der Physik 1954 – so sehr, dass er dazu schreibt: »Wenn die Feinstrukturkonstante einen nur minimal höheren Wert hätte, könnten wir die Materie nicht mehr vom Nichts unterscheiden, was unsere Aufgabe, die Naturgesetze zu erforschen, unendlich kompliziert gemacht hätte. Der Wert dieser Konstante ist keineswegs zufallsbedingt, sondern beruht auf einem Naturgesetz. Die Erklärung dieses Werts wird eines der zentralen Probleme der Naturphilosophie sein.«[54] Und ein anderer Nobelpreisträger – Richard Feynman – pflichtete ihm bei.

Von diesem außergewöhnlichen amerikanischen Wissenschaftler war hier bereits die Rede. Das hochbegabte Kind verschlang sämtliche Bücher über naturwissenschaftliche Themen, deren es habhaft werden konnte. Je komplizierter, umso lieber. Noch während seines Collegestudiums gewann Feynman den Mathematikwettbewerb der Universität New York. Danach schrieb er sich am MIT ein, später in Princeton und absolvierte seine Studien im Eiltempo. Während der Kriegsjahre hat er zwar den Doktorgrad noch nicht erlangt, wird aber trotzdem zur Mitarbeit am *Manhattan Project* zum Bau der Atombombe gebeten. Dabei lernt er die größten Physiker seiner Zeit kennen: Niels Bohr, Hans Bethe (das »Beta« in Gamows Alpha-Beta-Gamma-Theorie«), Enrico Fermi, Robert Oppenheimer und viele andere.

Ein Detail mag uns Aufschluss über seine Persönlichkeit geben: Er erlebte die Explosion der allerersten Atombombe in New Mexico als Augenzeuge – ohne schwarze Brille, nur geschützt durch die Windschutzscheibe eines Lastwagens. Er wollte von den Kettenreaktionen in der von der Bombe entfachten Gluthitze »nichts verpassen«. Später kamen die höheren Weihen: Er erhielt eine Professur für theoretische Physik am Caltech, dort wurde er mit seinen Ideen berühmt und erhielt später den Nobelpreis. Er liebte die Musik (und war ein begeisterter Bongospieler). Sein Hobby war es, die Dokumentensafes seiner Kollegen zu knacken oder sich am Entziffern codierter Manuskripte zu versuchen. Doch seine wahre Leidenschaft galt den Zahlen, die das Universum steuern, im Besonderen natürlich der Feinstrukturkonstante.

In seinen Vorlesungen, zu denen Physiker aus aller Welt anreisten, hielt er sich meist lange mit dieser Zahl auf. Und eines Tages kann auch er wie Smoot nicht umhin, für dieses unerklärliche »Wunder« die Hand Gottes verantwortlich zu machen: »Sie ist eins der größten Geheimnisse der Physik, eine magische Zahl, die das menschliche Erkenntnisvermögen übersteigt, als wäre sie von der ›Hand Gottes‹ geschrieben, und ›wir wissen nicht, wie Er den Bleistift führte‹. Zwar wissen wir, was wir anstellen müssen, um diese Zahl durch Experimente sehr genau zu bestimmen, aber wir haben keine Ahnung, wie wir den Computer dazu bringen können, sie auszuspucken – ohne dass wir sie ihm vorher eingefüttert haben!«[55]

Dazu ist anzumerken, dass diese seltsame Zahl einige Überraschungen für uns bereithält. Eine der verstörendsten Entdeckungen ist beispielsweise: Wenn wir die Feinstrukturkonstante durch die Kopplungskonstante der Gravitation teilen, erhalten wir eine neue dimensionslose Konstante von entscheidender Bedeutung: Sie schreibt sich 10^{36} oder 1 000 000 000 000 000 000 000 000 000 000 000 000. Feynman weist uns darauf hin, dass – wenn in dieser Konstante auch nur eine oder zwei Nullen fehlen – die Expansion des Universums zum Erliegen kommt und das Universum eine Miniatur bleibt, in der sich natürlich auch kein Leben entwickeln könnte. Hätte die Zahl hingegen ein paar Nullen mehr, dann könnten sich weder Sterne noch Planeten entwickeln. »Das ist doch zum Haareraufen!«, soll Feynman ausgerufen und die Arme gen Himmel geworfen haben.

Martin Rees, Baron von Ludlow, Professor für Kosmologie und Astrophysik an der Universität Cambridge, königlicher Astronom und Master des hochrenommierten Trinity College, teilt Feynmans Ansicht. Auch er beschäftigt sich intensiv mit der fossilen Hintergrundstrahlung. 2005 hat er zusammen mit Jim Peebles den angesehenen Crafoord-Preis der Schwedischen Akademie der Wissenschaften erhalten.

Martin Rees geht davon aus, dass sechs dimensionslose Konstanten dafür verantwortlich sind, dass das Universum funktioniert. Diese hat er in zahllosen Fachaufsätzen, Studien und Seminaren behandelt, hat über sie Bücher geschrieben und faszinierende Konferenzen abgehalten. Kurz gesagt: Er hat ihnen sein Leben gewidmet. Eines Tages verblüffte er die Lords im Oberhaus des britischen Parlaments, indem er ihnen darlegte, dass es genügen würde, auch nur eine Ziffer in einer dieser unendlichen Zahlenfolgen zu ändern – und das britische Parlament wäre nie entstanden, ebenso wenig wie das ganze Universum.

Unter den Konstanten, die den Baron so interessieren, ist eine, die mit der Geschichte der Physik mindestens so eng verknüpft ist wie mit der Geschichte des Universums. Um diese Zahl gab es zahlreiche Kontroversen. Es handelt sich um die »kosmologische Konstante«, mit der wir uns hier ein wenig genauer beschäftigen wollen.

Sie wissen vielleicht, dass der Wert der kosmologischen Konstante eine der spannendsten Fragen der modernen Physik ist. Alles im Universum verhält sich so, als sei diese Konstante mit einer geradezu unvorstellbaren Präzision »berechnet« oder »abgestimmt« worden. Kein Wunder, dass auch Smoot in seinem Buch erwähnt: »Der Urknall, das höchste kataklysmische Ereignis, das wir uns vorstellen können, scheint bei näherem Hinschauen fein orchestriert zu sein.«[56]

So mancher Philosoph und auch Naturwissenschaftler ist heute davon überzeugt, dass man in dieser auf so erstaunliche Weise (auf die 19. Dezimalstelle) festgelegten Zahl eine Andeutung vom »Gesicht Gottes« erkennen könne. Zu diesem Wert gibt es positive und negative »Beiträge«, die letztlich dafür sorgen, dass die kosmologische Konstante den Wert annimmt, den sie hat. Dieser Wert ist dafür verantwortlich, dass das Universum eine kritische Dichte (bei annähernd 1) besitzt, die für seine leicht abgeflachte Geometrie verantwortlich ist.

Wieder einmal dürfen wir also die unfassbare Feinabstimmung des Universums im Augenblick seiner Geburt bewundern. Gamow und Weinberg (der sein Leben als Forscher den ersten drei Minuten des Universums gewidmet hat) haben berechnet, dass die mittlere Dichte des Universums 200 Sekunden nach dem Big Bang etwa der des Wassers entsprach (ein Gramm pro Kubikzentimeter). Das bedeutet, dass das Verhältnis zwischen mittlerer Dichte und kritischer Dichte (auch Omega genannt) erst in der vierzehnten Kommastelle vom Wert 1 abweicht.

In der denkbar kürzesten Zeitspanne nach dem Big Bang, der Planck-Zeit (10^{-43} Sekunden), war Omega unglaublich nahe 1 und lautete ausgeschrieben: 1,000 000 000 000 000 000 000 000 000 000 000 000 000 000 000 000 000 000 000 000 001! Die Abweichung findet sich also erst an sechzigster Stelle hinter dem Komma. George Smoot meint dazu. »Das ist so nahe bei der 1, dass vernünftige Leute meinen, dies sei kein bloßer Zufall – irgendetwas fordert, dass Omega bis auf alle diese Dezimalstellen gleich 1 sei.«[57]

Das, was da »fordert«, ist möglicherweise die kosmologische Konstante. Sind wir also mit den Überraschungen am Ende? Nein, keineswegs, denn angesichts dieser Tatsache stellt sich sofort eine weitere Frage: Wieso nimmt die Konstante genau diesen Wert an und keinen anderen? Nun werden die Dinge noch verwirrender. Die positiven Beiträge zur kosmologischen Konstante kommen von den vier Grundkräften des Universums, die negativen von der Materie. Diese beiden Faktoren heben sich bis zur 120. Dezimalstelle auf. Wenn wir sie in Planck-Einheiten[58] angeben wollen, schreiben wir also eine Null, dann ein Komma, dann weitere 119 Nullen, bis wir an 120. Stelle auf eine Zahl stoßen, die verschieden von null ist!

Das lässt sich auch anders ausdrücken: Die Konstante, um die es hier geht, hat eine Chance von 1 zu 1000 mal eine Milliarde mal eine Milliarde mal eine Milliarde mal eine Milliarde mal eine Milliarde mal eine Milliarde mal eine Milliarde mal eine Milliarde mal eine Milliarde mal eine Milliarde mal eine Milliarde mal eine Milliarde mal eine Milliarde, den richtigen Wert anzunehmen, also den Wert, den sie tatsächlich hat! Kurioserweise steht diese Beobachtung in Übereinstimmung mit einer Vorhersage, die Steven Weinberg 1987 machte: Er gab damals an, dass die kosmologische Konstante bis zur 120. Dezimalstelle gleich null sein muss. Wäre sie nur ein klein bisschen größer, hätte sich das Universum viel zu schnell ausgebreitet, um die Entstehung von Sternen und Galaxien zuzulassen. Wäre sie hingegen nur um ein Weniges kleiner, wäre der Kosmos längst in sich zusammengestürzt.

Physiker interessieren sich schon lange für diese »merkwürdigen Zufälle« und für die Zusammenhänge zwischen diesen numerischen Größen und bestimmten physikalischen Phänomenen. Paul Dirac beschäftigte sich seit Ende der Dreißigerjahre mit der Frage, ob in der langen Geschichte des Universums tatsächlich alles dem »Zufall« überlassen war. Der Schriftsteller Helve Kragh, der 1990 eine bewegende Biografie über das Leben des großen Physikers schrieb, erinnert darin an den Tag im Dezember 1945, als Dirac einen Vortrag im Pariser Palais de la Découverte hielt. Als er auf dem Podium Platz nahm, stellte er zu seiner Überraschung fest, dass der Saal brechend voll war: Mehr als 2000 Menschen waren anwesend und drängelten sich teils auf den Stufen. Sie klatschten laut und anhaltend, noch bevor er überhaupt das Wort ergriffen hatte. Plötzlich überkam ihn der Verdacht, man verwechsle ihn vielleicht mit jemand anderem. Also drehte er sich zu einem der Organisatoren um und bat ihn um Aufschluss. Der Mann gestand ihm ein wenig verschämt: »Herr Professor, die Leute hier glauben alle, dass Sie einer der Väter der Atombombe sind. Deshalb sind sie gekommen!«

Dirac ließ seinen Blick über die Menge schweifen und hätte beinahe kehrtgemacht. Nur der bewundernde Blick seiner Frau Margit (die Schwester Eugène Wigners, der 1963 den Nobelpreis für Physik erhielt) überzeugte ihn, dass es besser sei, den Vortrag wie geplant zu halten. Zum großen Missfallen der Zuhörerschaft sagte Dirac kein Wort über die Bombe. Stattdessen ließ er sich zwei Stunden lang darüber aus, dass alle bedeutenden Zahlen in der Welt der Physik eine Beziehung zwischen der Welt des unendlich Kleinen – der Elementarteilchen – und der Welt des unendlich Großen – des Universums – ausdrückten. Fragen über die Bombe beantwortete er nicht.

Stattdessen zeigte er mit äußerster Genauigkeit (und vielleicht auch, um sich dafür zu rächen, dass man ihn für einen der Väter der Atombombe halten konnte), dass beispielsweise die Zahl der Protonen, die sich innerhalb des Hubble-Radius fänden (der Strecke, die das Licht seit Beginn des Universums zurückgelegt hat) 10^{80} ist. Diese Zahl kann man in etwa mit der Zahl der Protonen und Neutronen im gesamten Universum gleichsetzen. Dirac zufolge ist es kein Zufall, dass diese Zahl das Quadrat einer anderen bekannten Zahl ist, nämlich 10^{40}. Natürlich gingen diese Subtilitäten weit über das Fassungsvermögen seiner Zuhörer hinaus, die einen »großen Gelehrten« sehen wollten, der ihnen etwas über die Atombombe erzählte, und die stattdessen einen völlig unverständlichen Vortrag zu hören bekamen.

Man berichtet, dass Dirac sich über diese Form der »Missachtung« noch allerlei Gedanken machte. Natürlich hatte er während seiner Jahre in Oxford an einigen theoretischen Problemen gearbeitet, die mit der Atombombe zu tun hatten. Ihn aber als einer der »Väter der Bombe« zu betrachten war schlechterdings Unsinn. Lag es vielleicht daran, dass er durch und durch Pazifist war? Und so schloss er, dass eine gewisse »Feinabstimmung« sein Schicksal maßgeblich beeinflusst hatte und einige »glückliche Zufälle« ihn vom Kreis jener Forscher fernhielten, dem einige seiner Kollegen (wie Robert Oppenheimer) angehörten. Der Vorfall im Palais de la Découverte zeigte Dirac womöglich, dass das Schicksal einer zugrundeliegenden Ordnung folgt, deren Ursachen analysiert und erklärt werden können. Und das Gleiche galt seiner Ansicht nach für das Universum.

All diese Fragen lassen sich letztlich auf eine reduzieren: Ist das Universum durch Zufall entstanden, oder handelt es sich, wie Fred Hoyle scherzhaft bemerkte, um ein »abgekartetes Spiel«? Das Abenteuer des Lebens scheint das Ergebnis einer *natürlichen* Tendenz der Materie zu sein, sich selbst in immer komplexeren und facettenreicheren Systemen zu organisieren. Gibt es dafür einen tieferen Grund? Gibt es vielleicht ein oder mehrere noch unbekannte Gesetze, die unter bestimmten energetischen Bedingungen die Materie veranlassen, sich so zu organisieren, dass aus ihr Leben hervorgeht?

Ilya Prigogine, der 1977 den Nobelpreis für Chemie erhielt, widmete nahezu sein ganzes Leben dem Nachweis, dass es eine Art »Leitfaden« gibt, der unbelebte, vorlebendige und lebendige Organisationsform eint. Materie organisiert sich seiner Ansicht nach selbst, bis sie Leben hervorbringt. Das ist das Geheimnis der »dissipativen Strukturen«, wie er sie nennt. Für Prigogine ist das Universum nicht nur eine riesige materielle Ansammlung von Sternen und Planeten, sondern vor allem eine erstaunlich hierarchisch gegliederte Organisation, die unweigerlich unbelebte Moleküle auf höhere Organisationsstufen bringt, bis sie Leben erlangen. Anders ausgedrückt: Leben erscheint als notwendiger Ausdruck eines Universums, dessen zugrundeliegende Feinabstimmung dafür sorgt, dass einfache Moleküle sich zu immer komplexeren Strukturen verbinden, die dem Leben als Basis dienen können.

Der in England aufgewachsene, in die USA ausgewanderte Pysiker Freeman Dyson, einer der Begründer der Quantenchromodynamik, geht sogar noch einen Schritt weiter: »Je länger ich das Universum betrachte und die Einzelheiten seiner Architektur studiere, desto mehr Hinweise finde ich, dass es irgendwie gewusst haben muss, dass wir kommen würden.«[59]

Wie Hawking machte sich auch Freeman Dyson Gedanken über die geheimnisvolle Ordnung, die die Wirklichkeit durchzieht. Anlässlich einer Konferenz der Université Interdisciplinaire von Paris (UIP) zog er ein Resümee:

> Die Anziehungskraft im Atomkern ist gerade so stark, dass sie die Abstoßung zwischen der positiven Ladung im Kern normaler Atome wie dem Eisen- oder Sauerstoffatom überwindet. In

der Atomphysik gibt es noch mehr solch unglaublicher Glücksfälle. Ohne diese wäre Wasser nicht flüssig, die Kohlenstoffketten könnten sich nicht zu komplexen organischen Molekülen organisieren, und die Wasserstoffatome könnten nicht als Brücken zwischen den Molekülen dienen. All diese physikalischen und astronomischen Zufälle machen das Universum zu einem höchst gastlichen Ort für lebende Wesen.

Da ich als Wissenschaftler im 20. und nicht im 18. Jahrhundert aufgewachsen bin, sage ich nicht, dass die Architektur des Universums die Existenz Gottes beweist. Ich möchte nur anmerken, dass diese Architektur sich der Hypothese fügt, dass der »Geist« eine wichtige Rolle im Ablauf des Kosmos spielt. Ich glaube, dass das Universum zum Leben und zum Bewusstsein tendiert, dass es durchaus einen Sinn hat, dass wir hier sind, um es zu beobachten und seiner harmonischen Schönheit mit Wertschätzung zu begegnen. Doch ich möchte hier unterstreichen, dass dies eine durch und durch metaphysische Behauptung ist, also keine strikt wissenschaftliche Schlussfolgerung.[60]

Anders als der Biologe Jacques Monod glaubt, der fest vom universellen Zufall überzeugt ist, scheint das Leben keineswegs auf eine willkürliche Abfolge von Ereignissen zurückzugehen. Der Komplexitätstheoretiker James Gardner wies darauf hin, dass die Möglichkeit, dass komplexe Systeme zufällig im Universum entstehen, hochgradig unwahrscheinlich ist.[61] Eine Boeing 747 entsteht nun einmal nicht spontan aus herumfliegenden Materialien in einem Asteroidengürtel. Vielmehr scheint alles im kosmischen Theater bestens auf das Erscheinen geordneter Materie vorbereitet worden zu sein, dem das Leben und das Bewusstsein folgten. Aber können wir auch angesichts dieser absolut schwindelerregenden Feinabstimmung im Kosmos nun davon ausgehen, dass es *de facto* eine organisierende Intelligenz gibt, die unsere Wirklichkeit transzendiert? Vielleicht dachte Einstein ja an so etwas, als er einem Kind, das ihn fragte, ob er denn bete, schrieb: »Andererseits erfüllt aber die Wissenschaft jeden, der sich ernsthaft mit ihr befasst, mit der Überzeugung, dass sich in der Gesetzmäßigkeit der Welt ein dem menschlichen ungeheuer überlegener Geist manifestiere, dem gegenüber wir mit unseren bescheidenen Kräften demütig zurückstehen müssen.«[62]

Kapitel 16

Welche Form hat das Universum?

24. Februar 2010, Paris. Es ist zwei Uhr morgens. In der Dunkelheit macht sich ein Hinweis auf dem Computerbildschirm bemerkbar: George Smoot hat eine E-Mail geschickt. Wir haben ihm am Tag zuvor folgende Frage gestellt: »Welche Form hat Ihrer Meinung nach der Raum, in dem wir leben? Geht man von einem flachen oder von einem leicht gekrümmten Raum wie bei einer dreidimensionalen Kugeloberfläche aus?«

Seine Antwort ist hochinteressant: »Die wahrscheinlichste Topologie des dreidimensionalen Raumes ist ›einfach zusammenhängend‹ wie ein großer Würfel oder eine komplette Himmelskugel (bei der kein Teil des Volumens fehlt) und außerordentlich groß. Die Beobachtung des ersten Lichts zeigt, dass die Ausdehnung des Universums unglaublich groß ist, dass es mindestens zwei Drittel des Hubble-Horizonts einnimmt und sehr wahrscheinlich noch viel mehr.«[63]

Was Smoot hier den »Hubble-Horizont« nennt, ist die Grenze des beobachtbaren Universums, die etwa 13,75 Milliarden Lichtjahre von uns entfernt liegt. In Kilometern ausgedrückt, macht das etwa 122 000 Milliarden mal Milliarden Kilometer

Ein Jahr zuvor haben wir einen ersten Brief von George Smoot erhalten. Seiner Ansicht nach ist die Annahme, dass der Raum eine leicht positive Krümmung aufweist – wie bei einer Kugeloberfläche – durchaus »von den Beobachtungen gedeckt«[64]. Doch, so fügt er sofort hinzu, die Daten, über die wir verfügen, »sind ebenso kompatibel mit einem flachen Universum«.

Was also stimmt? Ist das Universum nun flach oder gekrümmt? Zum ersten Mal in der Geschichte der Menschheit besitzen wir die nötigen Instrumente, die uns erlauben, diese Frage durch Beobachtung zu lösen: die beiden Raumsonden *WMAP* und *Planck*. Welche Ergebnisse sich bisher schon abzeichnen, erfahren Sie im folgenden Abschnitt.

Welche Form hat unser Universum? Wenn Sie diese Frage heute einem Astrophysiker stellen, wird er Ihnen – wie der Großteil seiner Kollegen – antworten, dass der dreidimensionale Raum, in dem wir leben, »flach« ist. Was heißt das nun? Ganz einfach: Wenn Sie mit Ihrem Auto immer geradeaus fahren, durch das Sonnensystem, die Grenzen der Milchstraße hinter sich lassend, immer weiter und weiter, vorbei an den lokalen Galaxienhaufen, kehren Sie nicht an Ihren Ausgangspunkt zurück. Niemals. Ganz im Gegenteil, Sie werden sich immer weiter und weiter fortbewegen, ohne je den Horizont zu erreichen oder auf eine Grenze zu stoßen. Das ist der flache Raum!

Die Annahme, das Universum sei flach, ist heute unter Astrophysikern fest verwurzelt. Sie beruht auf den Messungen der Materiemenge im Universum, die größtenteils von der *WMAP*-Sonde durchgeführt wurden. Das Erstaunliche daran ist: Die Messungen zeigen, dass die sogenannte »kritische Dichte« des Universums nur minimal von 1 abweicht, was einem flachen Raum entspräche! Dieses Resultat ist umso erstaunlicher, als es einer der zentralen Vorhersagen der bekannten Inflationstheorie entspricht (die besagt, dass das Universum im Bruchteil einer

Sekunde nach dem Big Bang mit außerordentlicher Geschwindigkeit wuchs, bis es eine flache Geometrie erreicht hatte).

Aber ist die flache Raumgeometrie damit ein für alle Mal bewiesen? Wir sind anderer Ansicht. Genauer gesagt gehen wir davon aus, dass der Raum *lokal* (also in vergleichsweise kleinen Räumen) durchaus flach sein kann, dass dies aber keineswegs *global* (also auf das gesamte Universum) zutreffen muss. Warum? Ganz einfach: Damit der Raum wirklich flach und folglich unendlich sein kann, müsste die kritische Dichte – Omega, wie die Wissenschaftler sie nennen – tatsächlich ganz genau *gleich* 1 sein. Also nicht 1,00 ... und so weiter (annähernd 1), sondern *exakt* 1. Ist das so? Nein. Die genauesten Daten, die im Januar 2010 vom *WMAP*-Team nach jahrelangen Messungen veröffentlicht wurden, zeigen, dass der mögliche Wert für Omega etwa zwischen 0,991 und 1,173 liegt. Diese Zahlen zeigen – auch wenn man sie um eventuelle Messfehler bereinigt –, dass Omega sich der 1 zwar annähern mag, dass der Wert aber nicht *notwendig* gleich 1 ist.

Was sagt die NASA dazu? Sie beschreibt auf ihrer Webseite das Universum als »beinahe flach«: »Stellen Sie sich vor, Sie leben auf der Oberfläche eines Fußballs (also in einer zweidimensionalen Welt). Natürlich wäre Ihnen bewusst, dass die Oberfläche gekrümmt ist und dass Sie in einem geschlossenen Universum leben. Wäre dieser Ballon jedoch so groß wie die Erde, dann würde er Ihnen flach vorkommen, obwohl Sie immer noch auf einer Kugel leben würden, nur auf einer sehr viel größeren. Nun stellen Sie sich vor, Sie blasen Ihren Fußball bis zur Größe des Universums auf. Dieses würde Ihnen, zumindest soweit es sichtbar ist, ebenfalls flach erscheinen, auch wenn es ursprünglich mal stark gekrümmt war. Die Inflation hat also die ursprüngliche Krümmung des dreidimensionalen Universums so aufgeblasen, dass es nun fast flach erscheint.«[65]

Fast flach! Das von der NASA zu hören ist wirklich sehr beruhigend. Denn wie die aktuellen Beobachtungen zeigen, ist der dreidimensionale Raum eben nicht flach (außer lokal, in kleinen Regionen des Universums).

Andererseits sind, wie George Smoot (und nicht nur er) anmerkt, die neuen Messergebnisse auch »kompatibel« mit einer leicht positiven Raumkrümmung (wie eine Kugeloberfläche sie aufweist). Natürlich wäre diese Krümmung sehr schwach, ja kaum feststellbar, da das Universum so enorm groß ist. Wir sind jedoch überzeugt, dass sie existiert! Wenn Sie sich diesbezüglich selbst eine Meinung bilden möchten, sollten Sie einen neueren Artikel der *WMAP*-Forschungsgruppe konsultieren (zu der u. a. Charles Bennett, David Spergel, Gary Hinshaw, Eiichiro Komatsu und Gregory Tucker gehören). Sie finden ihn auf der Webseite der NASA. Und siehe da, was lesen wir auf Seite 15 (unter Punkt 4.2.4)? Eine Interpretation der Messergebnisse, die die Krümmung als Parameter berücksichtigt, lautet wie folgt: »Dieses Resultat würde auch zu einem flachen Universum passen. Wir ziehen jedoch ein Modell vor, das den Raum als leicht gekrümmt und geschlossen sieht.«[66]

Derselben Ansicht, die wir im Übrigen schon 1998 vertreten haben (bislang ohne großen Erfolg), sind auch wir. An anderer Stelle haben wir dargelegt, dass die Annahme eines flachen

Universums uns ebenso naiv erscheint, wie es einst die Auffassung von der Erde als Scheibe war. Sie denken, dieser Vergleich sei übertrieben? George Smoot ist anderer Ansicht. So schreibt er in seinem großartigen Buch *Das Echo der Zeit:* »Die Vorstellung, dass das Universum gekrümmt sei, kommt vielen heute ebenso merkwürdig vor wie den Menschen vor tausend Jahren die Vorstellung, dass die Erde rund sei.«[67]

Trotzdem müssen wir eingestehen: Bislang lassen die Messergebnisse noch keinen endgültigen Schluss zu, was die Form des Universums angeht. Auch wenn die jüngsten *WMAP*-Resultate auf eine leichte Krümmung hindeuten, so ist doch die Messungenauigkeit noch zu hoch, um einen definitiven Schluss zu erlauben. Doch diese Einschränkung könnte mit der neuen Generation von Raumsonden ein für alle Mal überwunden werden: mit *Planck*. Und so findet sich auf der Webseite, auf der die Sonde der Öffentlichkeit präsentiert wird, unter den Fragen, die *Planck* beantworten soll, auch folgende: »Wie alt ist das Universum, und welche Form hat es?«[68] Wir sind sicher, dass die neuen Resultate bestätigen werden, was die Messergebnisse von *WMAP* nur andeuteten: dass das Universum leicht gekrümmt und somit endlich ist.

Welche Form der gekrümmte dreidimensionale Raum haben könnte, ist eine immer noch offene Frage. An Modellen mangelt es nicht. So könnte der Raum einem gewaltigen Autoreifen ähneln, dessen Oberfläche dreidimensional ist, oder einem Donut (natürlich auch mit drei Oberflächendimensionen). Wir sind der Ansicht, dass das Universum sich unter allen möglichen Formen für die einfachste »entschieden« hat. Und was wäre die einfachste Form? Die Kugel! Aber Vorsicht: Unser Raum hat an der Oberfläche ja nicht nur zwei Dimensionen, sondern drei. Und die einfachste Form einer geschlossenen dreidimensionalen Oberfläche ist zweifelsohne der sphärische Raum (und nicht der Fußball, dessen Oberfläche nur zwei Dimensionen aufweist). Wie Sie sich vielleicht erinnern, ist die dreidimensionale Kugeloberfläche (Hypersphäre) das Modell, das von Riemann und Einstein für den Raum angewandt wurde. Daher gehen wir nun einfach davon aus, dass das Universum sich »richtig entschieden« hat.

Wir glauben, dies mit Sicherheit sagen zu können. Denn diese Hypothese wurde schon 1904, vor mehr als einem Jahrhundert, von dem großen Mathematiker Henri Poincaré aufgrund seiner Berechnungen formuliert. Und doch dauerte es nahezu hundert Jahre, in der die Mathematiker sich mühten und mühten, um die berühmte Poincaré-Vermutung (eines der sieben Millenniumsprobleme des Clay Mathematics Institute) zu beweisen und sie zum Theorem zu machen. Und wer kann sich nun dessen rühmen? Der russische Mathematiker Grisha Perelman, der bis dato dem großen Publikum unbekannt blieb. Er lebt heute mit seiner Mutter in Sankt Petersburg, der Friedmann-Stadt, in einem bescheidenen Gebäude. Während er mit der Lösung eines Problems beschäftigt ist, kann er weder essen noch trinken. Um sich zu entspannen, spielt er ein bisschen Geige oder schlägt seine Gegner vernichtend beim Tischtennis (das man, wie er sagt, »voller Zorn« spielen muss, um zu gewinnen).

Er macht nichts so, wie andere es machen, und so veröffentlicht er die Lösung des Problems 2002 und 2003 in drei Artikeln auf der Internetseite http://arXiv.org (und nicht in einer der bekannten Fachzeitschriften). Als man ihm für seine Lösung die Fields-Medaille zuspricht (eine Art Nobelpreis für Mathematiker, der nur alle vier Jahre verliehen wird), lehnt er ab: die Auszeichnung, das Geld und die Reise nach Madrid zur Verleihung. Auch den »Millenniumspreis« lehnt er ab, den ihm das Clay Mathematics Institute am 18. März 2010 zuerkennt. Der zurückhaltende Mathematiker, der den Medienrummel scheut, will nicht nach Paris fliegen, um seinen Preis in Empfang zu nehmen: immerhin eine Million Dollar. Für ihn zählt nur der lange und (sogar für seine Kollegen) komplizierte Beweis, den er gefunden hat. Es sind kaum verständliche Formeln, Berechnungen in einer nahezu unentzifferbaren Symbolsprache. Doch das Ergebnis ist klar wie die Sonne am wolkenlosen Himmel: Im dreidimensionalen Raum ist die Kugelform mit ihrer gekrümmten Oberfläche das *natürlichste* Objekt des Universums. Und daher stehen wir zu unserer Auffassung: Wie die Erde rund ist, ist auch das Universum sphärisch gekrümmt.

Und was bedeutet das nun? Die Tatsache, dass der Raum, in dem Sie im Augenblick diese Zeilen lesen, »rund« ist, hat enorme Auswirkungen. Denn dieser gekrümmte Raum birgt ein Geheimnis, das uns erlaubt, in die Zeit des Big Bang zurückzukehren, bis zum Nullpunkt. Wie das? Ebendies ist Thema des nächsten Kapitels, das der Frage nachgeht, die sich George Smoot 1992 stellte: Woher kommen die »Falten« in der Zeit?

Kapitel 17

Woher stammen die Falten in der Zeit?

Auf der Webseite der NASA zum *WMAP*-Projekt stand vor noch nicht allzu langer Zeit zu lesen: »Man konnte beobachten, dass die Temperatur der Hintergrundstrahlung von einem Ende des Universums zum anderen leicht differiert. Woher stammen diese Fluktuationen, und was haben sie mit der Entstehung von Sternen und Galaxien zu tun?«

Ebendas ist die Frage: Woher kommen diese winzigen Temperaturschwankungen, die man seit 1992 feststellt?

Würde man sich mit den Forschungsaufträgen der großen Raumfahrtmissionen beschäftigen und eine Zusammenschau der noch ungelösten Probleme der Kosmologie versuchen, dann stünde an vorderster Stelle ebendie Frage, woher die Schwankungen in der fossilen Hintergrundstrahlung kommen.

Denn diese Frage ist, wenn man es genauer betrachtet, noch nicht beantwortet. Und selbst wenn sich der ein oder andere Artikel an einer Lösung versucht, bleibt diese doch notgedrungen vage. Im Allgemeinen überwiegt dabei die Vorstellung, dass es die Fluktuationen der ursprünglichen Leere im Moment des Big Bang sind, die für diese »Temperatursprünge« verantwortlich sind. Dem mag durchaus so sein, doch verlangt diese Hypothese noch nach präziserer Fassung, damit die genauen Mechanismen zutage treten, die ihr zugrunde liegen. Dies wollen wir im Folgenden versuchen.

Kommen wir noch einmal auf die Beobachtungsdaten zurück: auf die Karte, die uns zeigt, wie die Materie im Jahr 380 000 nach dem Big Bang verteilt war. Dabei drängt sich unwillkürlich der Gedanke auf, dass die Temperaturdifferenzen, die auf der *WMAP*-Karte farblich dargestellt sind, möglicherweise von einem *früheren* Zustand des Universums stammen, also aus der Zeit, noch bevor das Licht sich von der Materie löste, um den durchsichtig gewordenen Raum zu erhellen. Damit aber wären wir schon bei der ersten Frage angelangt: Wie weit müssen wir zurückgehen, um die Ursache dieser »Falten« zu finden?

Die Antwort ist: Sehr weit zurück, näher als eine Sekunde heran an den Big Bang.

Da wir Gewissheit haben wollten, stellten wir diese Frage den beiden Helden der *COBE*-Mission: John Mather und George Smoot. Letzterer schrieb uns zu diesem Thema in der ihm eigenen konstruktiven Weise:

> Es ist durchaus möglich, aus den Messungen der Hintergrundstrahlung abzuleiten, was sehr früh in der Geschichte des Universums geschah. Dazu werden augenblicklich vor allem zwei Methoden eingesetzt. Zum einen betrachtet man die Temperaturschwankungen der Hintergrundstrahlung, um Akustikwellenmuster aus der allerersten Zeit des Universums zu finden. Deren Eigenschaften gäben uns Aufschluss darüber, was winzige Sekundenbruchteile nach dem Big Bang passiert ist. Bei der zweiten Methode untersucht man die Polarisation der Strahlung, um Reste der Gravitationswellen zu entdecken, die zugleich mit den Dichteschwankungen entstanden sind. Dies ist

eine sehr schwierige Messung, an der sich *Planck* versuchen wird.

In den wahrscheinlichsten Szenarien, die sich mit der Entstehung von Gravitationswellen und Dichteschwankungen beschäftigen, geht man weiter zurück als bis zum ersten tausendsten Teil einer Milliardstelsekunde nach dem Big Bang.[69]

In seinem Buch war George Smoot noch ein wenig präziser: »[Unser] Resultat deutete darauf hin, dass das heutige Universum tatsächlich durch die Gravitation aus den winzigen Quantenfluktuationen hervorgegangen sein konnte, die im ersten Sekundenbruchteil nach der Schöpfung aufgetreten waren.«[70]

Wer meint, dass sich so »früh« im Universum noch nichts abgespielt hat, kann also ganz beruhigt sein. John Mather geht in seinen Annahmen noch weiter: »Die Anisotropien [Unregelmäßigkeiten], die *COBES* Instrumente und später noch viele andere gemessen haben, zeigen uns das Universum, wie es zum Zeitpunkt der Entkopplung, ungefähr 380 000 Jahre nach dem Beginn, aussah. Aber die beobachteten Strukturen sind natürlich sehr viel früher entstanden, durch Quantenprozesse, die bis zur Planck-Zeit zurückgehen, zur allerersten 10^{-43}-Sekunde«[71], also zum Augenblick des Big Bang.

Doch Mather bleibt an dieser Schwelle nicht stehen. Wie George Smoot bringt er zur Sprache, was man die »Polarisation« der Hintergrundstrahlung nennt. Die Polarisation eines Lichtstrahls hat mit der Richtung seines elektrischen Feldes zu tun. »Die Polarisation der fossilen Hintergrundstrahlung, die man gerade zu messen beginnt, wurde der Strahlung ebenfalls während der Entkopplung eingeprägt. Doch ein bestimmter Teil dieser Strahlung, den man als ›B-Modus‹ bezeichnet (weil seine Divergenz null ist), soll, so nimmt man an, aus Gravitationswellen entstanden sein, die ebenfalls im allerersten Augenblick, also bei 10^{-43} Sekunden, präsent waren.«[72]

Wir werden weiter unten sehen, was es mit diesen mysteriösen Gravitationswellen auf sich hat. In der Zwischenzeit können wir schon einmal folgende Feststellung treffen: Die Hintergrundstrahlung verhält sich wie ein Blatt Papier, auf das man Informationen druckt. An diesem Punkt müssen wir unterstreichen, dass dieser »Prägevorgang« nicht im Jahr 380 000 geschieht, sondern sehr viel früher, nämlich, wie uns John Mather geschrieben hat, zur Planck-Zeit, unmittelbar nach dem Big Bang. Möglicherweise ist dies ja der Hauptgrund, weshalb George Smoot bei der Betrachtung der Falten in der fossilen Hintergrundstrahlung ausrufen konnte, das sei, als würde man das Gesicht Gottes erblicken: Die Falten wurzeln in dem Augenblick, in dem das Universum konkret als Materie entstanden ist. Die meisten Wissenschaftler sind sich heute darüber einig, dass die fossile Hintergrundstrahlung ein Spiegel ist, der die Entstehung des Universums reflektiert. Doch lässt sich diese Behauptung nicht noch ein wenig präziser fassen?

Wenn Sie diese Frage einem Experten stellen, der sich mit der Hintergrundstrahlung beschäftigt, wird er Ihnen eine recht allgemein gefasste Antwort gehen, die in etwa so ausfiele: Als das Universum noch kleiner war als das kleinste Staubkorn, waren Raum und Zeit noch nicht stabil. Man müsse sich das eher so vorstellen wie einen Ozean, in dem sich bei Sturm die Wellen türmen. Diese winzigen Fluktuationen seien der gerade entstehenden Raumzeit eingeschrieben worden, die sich sodann während der »Inflation« genannten Periode, 10^{-35} Sekunden nach dem Big Bang, unglaublich schnell und weit ausdehnte. Genau das meint John Mather: »Die ›Prägung‹ geschah sehr früh und wurde später durch die Inflation vergrößert. Ich glaube, dass die ›Prägung‹ schon vorher vorhanden war und während der Inflation gleichsam eingraviert blieb.«[73]

380 000 Jahre später findet sich also diese »Prägung« in Form von Temperaturschwankungen im allerersten Licht wieder. Über dieses Szenario ist sich das Gros der Physiker einig. Doch da wir über die Bedingungen, die im Augenblick des Big Bang herrschten, noch vergleichsweise wenig wissen, geht man bei dem Versuch, den Ursprung dieser »Falten in der Zeit« zu erklären, im Allgemeinen nicht weiter zurück.

Wir glauben jedoch, dass es durchaus möglich ist, mehr darüber in Erfahrung zu bringen. Unserer Ansicht nach sollte man sich das außerordentliche Gleichgewicht in der Raumzeit zur Planck-Zeit ansehen. Ein Gleichgewicht, das heute im Universum nicht mehr seinesgleichen hat, dessen ungewöhnliche Eigenschaften sich aber nichtsdestotrotz beschreiben lassen. Denn zwischen den seltsamen Falten in der Hintergrundstrahlung und dem Zustand des Universums unmittelbar vor dem Big Bang scheint es eine Verbindung zu geben, die heute zunehmend fassbar wird. Wenn wir dieses Bindeglied entdecken, verstehen wir das Universum besser und haben damit eines der Geheimnisse der Schöpfung gelöst, nämlich die Frage, welchen Platz wir Menschen in der Unendlichkeit von Raum und Zeit einnehmen.

Kapitel 18

Zurück zum vollkommenen Gleichgewicht des Ursprungs

Wir werden jetzt also Schritt für Schritt zum Urknall zurückgehen, bis wir in das unendliche Gleichgewicht eintauchen, das zu Anbeginn der Zeit herrschte. Wie müssen wir uns dieses vorstellen? Vereinfacht könnte man sagen: mit einem sehr hohen Ordnungsgrad und einer enormen Feinabstimmung unter den Bestandteilen, die das Universum an seinem Beginn ausmachten.

Zuerst einmal müssen wir uns fragen, was man unter einem »Gleichgewicht« denn versteht. Wenn Sie ein Bad nehmen und dieses ist Ihnen zu heiß, lassen Sie Wasser nachlaufen. Anfangs breitet sich das kalte Wasser nur um den Hahn herum aus. Doch allmählich kühlt das ganz Bad ab. Genauso können wir uns das »Urbad« vorstellen, welches das Universum im Augenblick des Big Bang darstellte. In diesem Gleichgewicht – das von einer ganz eigenen Art ist – liegt eines der Geheimnisse verborgen, die dazu beitragen könnten, das Rätsel um die winzigen Schwankungen in der kosmischen Hintergrundstrahlung zu erklären, die »Falten in der Zeit«, wie George Smoot meinte.

Betrachten wir also das Jahr 380 000 nach dem Big Bang, als die fossile Hintergrundstrahlung entstand. Was hat *COBE* denn überhaupt erstmals entdeckt? Sie erinnern sich: Schon bald (nach ein paar Stunden Messung) war klar, dass die kosmische Hintergrundstrahlung das Spektrum eines idealen Schwarzkörpers hatte! Anders gesagt: Das erste »Licht« war rein thermische Strahlung und als solche in einem fast vollkommenen Gleichgewicht. Was bedeutet in diesem Zusammenhang »fast«? Dass wir, wenn wir ein perfektes Gleichgewicht suchen, dieses woanders suchen müssen. Und wo? Genauer gesagt: Wann? Zu Beginn des Universums, wie Peter Coles es vorschlägt, einer der bekanntesten Astrophysiker unserer Zeit: »Diese Hintergrundstrahlung hat ihren Ursprung in einer Epoche der thermischen Geschichte unseres Kosmos, in dem ein thermisches Gleichgewicht herrschte.«[74]

Wir müssen also nur noch feststellen, wann dieses Gleichgewicht herrschte. Genau das werden wir tun, indem wir uns weitgehend am Standardmodell des Big Bang orientieren. Was genau sagt dieses Modell aus? Dass Dichte und Temperatur des Universums ansteigen, je weiter wir in der Zeit zurückgehen. Erinnern wir uns: Im Jahr 380 000, als das Universum noch tausendmal kleiner ist als heute, ist es von einem Ende des Kosmos zum anderen sehr heiß: etwa 3000 Grad. Je weiter wir in der Zeit zurückgehen, umso weiter steigt die Temperatur an und mit ihr das globale Gleichgewicht des Universums. Bis zu welchem Punkt? Bis zum vollkommenen Gleichgewicht, das im Moment der Entstehung von Raum und Zeit herrscht. Bis zu jenem Augenblick, in dem durch den Big Bang aus dem Nichts Unmengen von Energie entstehen. Das ist der einzigartige Augenblick, der »Planck-Zeit« genannt wird. Die Uhr des Universums steht auf 10^{-43} Sekunden.

Wie sah das Universum damals aus? In welch eigenartigem

Zustand befand es sich? Um dies herauszufinden, müssen wir eben bis zur Planck-Zeit zurückgehen, wo uns wieder überraschende Einsichten erwarten. Gehen wir also noch einmal weiter zurück in der Zeit, damit Sie sich selbst überzeugen können.

Kapitel 19

Der seltsame Moment des Big Bang

Die Planck-Zeit! Das kleinste messbare Zeitintervall: 0,000 000 000 000 000 000 000 000 000 000 000 000 000 000 1 Sekunde. Wie der Satellit, der gerade im Weltraum nach Antworten sucht, trägt auch der Augenblick des Big Bang den Namen des großen deutschen Physikers Max Planck. Er, der 1918 den Nobelpreis für Physik bekam, schuf die Grundlagen für die sogenannte Quantenmechanik. Die Tragödie seines Lebens war der Verlust seines Sohnes, der 1945 von den Nazis wegen seiner Beteiligung am Aufstand vom 20. Juli 1944 hingerichtet wurde. In den Zwanzigerjahren aber sind die Gräuel des Krieges noch fern. Nicht selten begleitet er Einstein, der Geige spielt, um sich zu entspannen, auf dem Klavier. So musizieren die beiden Wissenschaftler oft stundenlang zusammen, ohne auch nur ein Wort zu wechseln. 1929 sind beide die ersten Preisträger der Max-Planck-Medaille, und in der Folge scherzen sie gerne, dass sie zusammen ja schließlich das ganze Universum abdecken: vom unendlich Kleinen bis zum unendlich Großen.

Doch kehren wir zu dem Moment zurück, in dem das unendlich Große noch unendlich klein ist, zum Augenblick des Big Bang. Das Universum ist noch komprimiert auf einen winzigen Funken Wirklichkeit, der sich im Nichts verliert, viel kleiner als ein Staubkorn, ja, mehrere Milliarden Mal kleiner als ein Atomkern. Das Winzigste, was je existiert hat. Kaum vorstellbar, dass aus diesem Flöckchen Realität, das für immer unsichtbar bleiben wird (weil unsere Beobachtungsmethoden nie dafür ausreichen werden), unsere Häuser, Städte, ja, die ganze Erde mit ihren Meeren und Bergen sowie Hunderte von Milliarden von Sternen und Galaxien hervorgehen werden. Da dieser Funke Wirklichkeit höchstwahrscheinlich eine unglaubliche Menge Energie enthält, ist das Uruniversum unfassbar heiß: 100 000 Milliarden Milliarden Milliarden Grad! Eine Zahl, die sich niemand vorstellen kann. Doch darüber hinaus ist Schluss: Es ist die höchste Temperatur, die im Universum möglich ist. Haben wir damit gefunden, was wir suchen? Den Moment, in dem vollkommenes Gleichgewicht herrschte?

Um dies herauszufinden, wenden wir uns einmal mehr an die Experten. Zuallererst an George Smoot. Seiner Ansicht nach ist dies gar keine Frage: Kurz bevor die Expansion des Universums einsetzte, war dieses im thermischen Gleichgewicht. Am 24. Februar 2010 schreibt er uns:

> Es ist sehr wahrscheinlich, dass das Universum an der Planckschen Schwelle im thermischen Gleichgewicht war, obwohl es ganz sicher einige Wandlungen durchgemacht hat, bevor es das Gleichgewicht erreichte, das wir heute beobachten können. An der kosmischen Hintergrundstrahlung lässt sich »ablesen«, dass das Universum zumindest eine Stunde nach dem Big Bang im Gleichgewicht war. Die vom Big Bang angestoßene primordiale Nukleosynthese liefert außerdem einen überzeugenden Beweis, dass dieses Gleichgewicht schon vorher existierte, von der ersten Sekunde an.[75]

Die auf seiner langjährigen Erfahrung als Beobachter des Universums beruhende Schlussfolgerung Smoots bestätigt unsere Meinung. Aber Smoot steht mit seinen Vorstellungen keineswegs allein da. Der zum Mythos gewordene Stephen Hawking schrieb schon vor dreißig Jahren: »Das Universum befand sich an der Planckschen Schwelle notwendigerweise im thermischen Gleichgewicht.«[76]

Einige Jahre später, 1987, schreibt der unermüdliche »Sterngucker« Fang Lizhi, ehemaliger Vizedirektor der Akademie der Wissenschaft in China und heute Professor an der Universität von Arizona, zusammen mit Remo Ruffini[77], dem Präsidenten des International Centre for Relativistic Astrophysics und Professor an der Universität Rom: »Das Universum hat an der Planckschen Schwelle zumindest annähernd im thermischen Gleichgewicht begonnen.«[78]

Dies ist die Ansicht der meisten Astrophysiker von heute. Aus diesem Grund wollen auch wir unsere Überlegungen in diese Richtung weiterführen. Was war es denn, was zur Zeit des Big Bang im Gleichgewicht war? Wir glauben, dass es sich dabei um sogenannte »Gravitonen« handelte. (Dieser anschauliche Begriff wurde in den Sechzigerjahren geprägt und leitet sich, wie Sie sich vermutlich denken können, von »Gravitation« ab.) Was hat es damit auf sich? Es handelt sich bei den Gravitonen um hypothetische Teilchen, deren Existenz nie durch Beobachtung bestätigt werden konnte. Sie sollen Träger der Gravitation sein (jener Kraft also, die dafür sorgt, dass Sie sich jetzt beim Lesen nicht von Ihrem Stuhl in die Lüfte erheben).

Es gibt Physiker, die das Graviton das »Gottesteilchen« nennen. Wieso? Weil diese Kraft im Augenblick des Big Bang, vereint mit den anderen Fundamentalkräften des Universums, schon da war – und dies unserer Ansicht nach auch schon vorher so war. Da die Hoffnung, Gravitonen jemals »einzeln« beobachten zu können, relativ gering ist, machen die Forscher sich mittlerweile auf die Suche nach sogenannten »Gravitationswellen«, also Wolken von Gravitonen. Aus ebendiesem Grund ist, wie John Mather sagte, *Planck* auf der Suche nach ihnen. Auch sie wären Spuren des Universums an der Planckschen Schwelle.

Was an den Gravitonen (aus unserer Sicht) noch interessant wäre: Experten zufolge stammen sie aus der hochgradig instabilen Welt vor dem Big Bang, aus den Fluktuationen, die die »Metrik« des Universums damals aufwies. Anders gesagt: Wenn die Metrik fluktuiert, erzeugt sie Gravitationswellen. Diese müssen wir uns vorstellen wie Wellen auf einem See: Die Metrik ist die glatte Oberfläche des Sees, die Gravitationswellen breiten sich darüber aus. Der Begriff »Metrik« sagt Ihnen nichts? Keine Panik! Denken Sie dabei an Worte wie »Meter« (die Grundlage des metrischen Systems), eine Maßeinheit, mit deren Hilfe Sie die Wände in Ihrem Wohnzimmer vermessen können. Wie ein Eichmaß macht die Metrik unsere alltägliche Wirklichkeit messbar (Distanzen, Winkel, Krümmung, aber auch Dauer).

Wenn die Metrik in unserem Alltag Fluktuationen aufwiese, würde die Landschaft um uns herum auf und ab tanzen, die Gegenstände würden ohne Vorwarnung näher kommen oder sich entfernen, und die Zeit würde elastisch werden: Eine Sekunde könnte so lange dauern wie ein Jahr, aber auch so schnell vergehen, dass Vergangenheit, Gegenwart und Zukunft sich vermischten.

Was aber wird aus der Metrik und den Gravitonen im Moment des Big Bang? Hören wir einmal, was der Astrophysiker Peter Coles (den wir Ihnen bereits vorgestellt haben) dazu sagt: »Es ist durchaus denkbar, dass während der Zeit, in der die Temperatur eine Größenordnung von 10^{19} Gigaelektronenvolt hatte, zwischen den Komponenten des Universums – vor allem den Gravitonen – ein thermisches Gleichgewicht herrschte.«[79]

Der Kosmologe Maurizio Gasperini (der mit Gabriele Veneziano, dem Pionier der Stringtheorie am CERN, zusammenarbeitete) kommt zu demselben Schluss: »Im Standardmodell ist es denkbar, dass an der Planckschen Schwelle ein Grundzustand thermischer Gravitationswellen seinen Anfang nahm, als die Temperatur hoch genug war, um die Gravitonen im thermischen Gleichgewicht zu halten.«[80]

Doch egal, ob wir hier in Begriffen von »Gravitonen« oder »Metrik« denken, entscheidend ist für uns: An der Planckschen Schwelle war das Universum im thermischen Gleichgewicht.

Und was ist so toll daran? Nun, wenn das Universum an der Planckschen Schwelle im thermischen Gleichgewicht war, befand es sich vermutlich in einem ganz besonderen, recht eigenartigen Zustand. Physiker und Mathematiker (die nie um seltsame Ausdrücke verlegen sind) nennen ihn: KMS-Zustand. Um das Ganze ein wenig zu vereinfachen, gehen wir davon aus, dass immer, wenn ein System sich im thermischen Gleichgewicht befindet, es sich de facto im KMS-Zustand befindet. Diese drei Buchstaben sollten Sie sich einprägen. Sie haben noch nie davon gehört? Keine Sorge, da stehen Sie nicht allein da. Diese großartige Theorie ist sogar in Physikerkreisen vergleichsweise unbekannt, wie wir während der Recherchen zu unserer Doktorarbeit feststellen konnten. Damals sahen wir allmählich immer klarer: Das Universum an der Planckschen Schwelle muss sich im KMS-Zustand befunden haben. Ein einzigartiger Zustand, der unserer Ansicht nach vor dem Big Bang vorherrschte. Spuren dieses Zustands lassen sich unserer Ansicht nach auch heute noch feststellen. Nur wo? Im tiefsten Innern der fossilen Hintergrundstrahlung.

Was aber bedeutet »KMS«? Diese drei Buchstaben sind die Anfangsbuchstaben der Wissenschaftler, die die Theorie vom KMS-Zustand in den Jahren 1957 bis 1959 aufgestellt haben: der japanische Mathematiker und Physiker Ryogo Kubo (Träger der Boltzmann-Medaille 1977), der stets in seine Gleichungen versunkene Mathematiker Paul C. Martin und der Physiker Julian S. Schwinger (der 1965 zusammen mit Richard Feynman und Shin Tomonaga den Nobelpreis für Physik erhielt).

Schwinger steht seit Langem in enger Verbindung mit dem Physiker und Mathematiker Moshe Flato, unserem Doktorvater, der als Erster unsere Aufmerksamkeit auf die Theorie vom KMS-Zustand lenkte. Wir jedenfalls hatten noch nie davon gehört (nicht, dass uns das wirklich gefehlt hätte). Bis uns Flato eines Tages im Jahr 1995 in sein Büro holte, seine weiße Tafel mit gewaltigen Formelgebilden füllte und uns zwischen zwei

Tassen Kaffee sagte: »Schauen Sie sich die KMS-Theorie genauer an: Da sind Wunder möglich!«

Vereinfacht gesagt, bringt der KMS-Zustand in der Welt des unendlich Kleinen das thermische Gleichgewicht eines Systems mit seiner Dynamik in Verbindung. Man könnte diesen Zustand mit dem eines Seiltänzers vergleichen, der sein Gleichgewicht durch die winzigen Bewegungen seiner Balancierstange ausgleicht. Das Wichtigste (und Verstörendste) aber ist: Wenn ein Quantensystem im KMS-Zustand ist (Gleichgewicht und Dynamik zusammengeführt sind), geschieht etwas wirklich Merkwürdiges: Seine Eigenzeit hört strenggenommen auf zu existieren. Genauer gesagt, wird sie *komplex* im mathematischen Sinne des Wortes. Sie aber müssen sich zunächst nur merken, dass die Zeit im KMS-Zustand nicht genau definiert ist. Sie verformt sich und wird elastisch. Sie kann langsamer werden (wobei eine Sekunde eine Stunde dauern kann), sich heftig beschleunigen (dann vergeht ein Tag in fünf Minuten) oder »springen« (zum Beispiel von zwölf Uhr mittags auf neun Uhr abends).

Findet man diesen Zustand nun im ganzen Universum vor? Ja, da die zwei Vorbedingungen erfüllt sind: Das Universum an der Planckschen Schwelle – im unendlich Kleinen also – ist ein Quantensystem, und es befindet sich im thermischen Gleichgewicht. Das aber zieht bestimmte Konsequenzen nach sich. Die spektakulärste Schlussfolgerung ist zweifelsohne, dass die Zeitkoordinate des Kosmos vor dem Big Bang nicht fix ist, sondern

Fluktuationen aufweist, die sich zwischen der reellen und der imaginären Achse bewegen (was heißen soll, dass sie entweder mit reellen oder mit imaginären Zahlen gemessen werden).

Im Frühling 2006 hatten wir das Glück, Stephen Hawking kennenzulernen. Bei dieser Gelegenheit stellten wir ihm die Frage, ob die imaginäre Zeit die grundlegende Form der Zeit sein könnte. Und er hat uns über seinen Sprachcomputer geantwortet: »Ja! Genau!« Anders ausgedrückt: Bevor die Zeit reell wurde (also auf einem Zeitpfeil verlief, der in reellen Zahlen gemessen wird), vor dem Big Bang, existierte die Zeit in imaginärer Form. Wieso aber »imaginär«? Dieser Ausdruck stammt vom Mathematiker und Philosophen Descartes. Allerdings benutzte auch er diese Wendung zum Spott (wie Fred Hoyle), weil er sich nicht vorstellen konnte, dass solche Zahlen existieren. Doch letztlich passte der Begriff, als wäre er eigens für diese Zahlenwelt geschaffen worden. Vielleicht erinnern Sie sich noch an Ihre Mathematikstunden: Das Quadrat einer imaginären Zahl ist immer negativ. Diese Zahlen, die »nicht so sind wie die anderen«, helfen uns, die imaginäre »Richtung« der Zeit zu messen. Wenn die Zeit eine Gerade ist, ist die imaginäre Zeit eine Gerade, die im rechten Winkel zum Zeitpfeil, wie wir ihn kennen, verläuft.

Damit aber sind wir fast am Ziel angelangt. Wenn die Zeit vor dem Big Bang fluktuierte, haben diese Fluktuationen vermutlich Spuren hinterlassen – im tiefsten Inneren der fossilen Hintergrundstrahlung. (Was George Smoot in einem genial-intuitiven Geistesblitz »Falten in der Zeit« nannte.) Ob dies vielleicht die minimalen Verwerfungen sind, die wir längst beobachten können?

Wir jedenfalls sind dieser Ansicht. Um jedoch ganz sichergehen zu können, stellen wir uns einfach vor, wir könnten das Universum vor dem Big Bang besuchen. Der KMS-Zustand bedeutet, dass die Metrik dieser ganzen »Welt« stellenweise »normal« ist, sich also verhält wie in unserer gewohnten Umgebung, und stellenweise die imaginäre Zeit mit einschließt (und damit euklidisch wird). Solange die Metrik dieselbe ist wie bei uns, bleibt der Boden unter unseren Füßen eben. Wird die Metrik aber da und dort euklidisch, dann tun sich zu unseren Füßen plötzlich Spalten auf.

Diese kleine Analogie hilft uns vielleicht, uns das Universum im KMS-Zustand vorzustellen: ein nicht sehr gastlicher Ort, an dem das »Panorama« vor unseren Augen nicht ebenmäßig und kontinuierlich verläuft, sondern immer wieder von »euklidischen Spalten« zerrissen und durchlöchert wird. Wollen wir die Analogie noch weiter treiben, könnte man sagen, dass es an der Planckschen Schwelle Regionen gibt, in denen Gravitation existiert (rot), und andere (blau), in denen sie modifiziert ist, weil sie plötzlich euklidisch wird.

Und nun dehnen wir diese Quantenlandschaft (dank der Inflation) enorm aus, bis wir das Universum haben, wie es sich uns 380 000 Jahre nach dem Big Bang präsentiert. Was stellen wir fest? Dass die Regionen, in denen es Gravitation gibt (rot), Materie angezogen haben, sodass sich »Inseln« formten. Und dass Regionen, in denen die Gravitation möglicherweise euklidisch war (und daher nicht existierte), leer sind (blau). In diesem Sinne trüge das erste Licht die Prägungen der Zeit, wie sie unserer Ansicht nach vor dem Big Bang existierten. Insofern erscheint Smoots Begriff »Falten in der Zeit« ausgesprochen gut gewählt.

Wir wollen nun mit einer höchst provokanten These schließen. Die Fluktuationen, die heute in der fossilen Hintergrundstrahlung zu beobachten sind, könnten ihren Ursprung in Fluktuationen der Metrik an der Planckschen Schwelle haben. In diesem Falle wäre das Bild der fossilen Hintergrundstrahlung nichts anderes als die sichtbare Spur des KMS-Zustands, in dem das Universum sich vor dem Big Bang befand. Wie sollte man angesichts dieses bunten Bildes aus einer Zeit, in der es die Zeit noch nicht gab, nicht versucht sein, vom »Gesicht Gottes« zu sprechen?

Doch für ein weniger abgehobenes Problem findet sich die Lösung vielleicht in dieser unvorstellbaren Welt vor dem Big Bang: Woher kommt die dunkle Energie? Da warten noch einige überraschende Ausblicke auf uns.

Kapitel 20

Woher kommt die dunkle Energie?

Ein Junimorgen im Jahr 1997. Über den Wiesen vor den weit offenen Fenstern liegt eine tiefe Stille. Kein Laut. Nur gelegentlich ein paar Bienen oder eine leichte Brise, die sich im Laub der Bäumen verfängt. Wir können kaum glauben, dass wir uns im größten Forschungslabor der Welt befinden. Das CERN in der Schweiz ist für Wissenschaftler ein geradezu mystischer Ort. Dort schuf 1990 eine Handvoll Physiker das Internet, wie wir es heute kennen und nutzen. Dort wurde 1991 die erste Webseite der Geschichte geschrieben. Dort wurden im Herbst 2008 mit unglaublicher Energie die ersten Protonen in den LHC geschossen, den riesigen Teilchenbeschleuniger mit einem Tunnel von 27 Kilometer Länge.

Dort versuchen wir im Juni 1997 einen Experten für theoretische Physik davon zu überzeugen, dass unsere Berechnungen etwas sehr Merkwürdiges ergeben. Der Physiker heißt Gabriele Veneziano (er wurde bereits erwähnt) und gehört zu der Kommission, die im Juni 1999 an der École Polytechnique unsere Doktorarbeiten vor der Disputation prüfte. Heute ist er Professor am Collège de France. Veneziano wandte die Eigenschaften einer rein mathematischen Funktion auf die Welt der Elementarteilchen an und wurde so zum Begründer der Stringtheorie – dieses faszinierenden Theoriegebäudes, das mit seinen ausgefeilten Formeln das Geheimnis der Materie auf der Ebene des unendlich Kleinen klären soll.

An diesem Tag aber beschäftigt uns ein anderes Mysterium.

Eines, das aus den Tiefen des Universums kommt und dem Veneziano mit Skepsis begegnet. Worum geht es dabei? Auf den ersten Blick scheint es keine große Sache zu sein. In unseren Berechnungen hat sich eine Anomalie ergeben, die wir zunächst eliminieren zu können glaubten. Doch auch nach Monaten intensiven Hin- und Herwendens der Gleichungen war es uns nicht gelungen, das Problem zu lösen. Dieses Problem ergab sich durch die Existenz einer seltsamen »Kraft«, die aus der Tiefe der Zeit, vor dem Big Bang, vor der materiellen Geburt unseres Universums, entstanden zu sein schien. Es ging dabei um etwas, das man in der Physik ein »Feld« nennt und das – unserer Ansicht nach – auch heute noch das ganze Universum durchzieht.

Das Problem in unseren Berechnunen war, dass dieses unsichtbare und vollkommen unbekannte Feld aus unerfindlichen Gründen die Expansion des Universums ununterbrochen zu beschleunigen schien. Wenn man unseren Zahlen glauben wollte, war der Kosmos einer Art unsichtbaren Kraft unterworfen, die ihn dazu zwang, sich immer schneller in die Unendlichkeit auszudehnen.

Wir können an diesem Tag leider niemanden überzeugen. Weder Veneziano (dem allzu mathematische Konstruktionen stets Unbehagen bereiten) noch die anderen Theoretiker des CERN. Das Ganze ist einfach zu unwahrscheinlich. Niemand hat je etwas Derartiges beobachtet. Damals wissen wir noch nicht, dass unsere Erforschung dessen, was vor dem Big Bang war oder nicht war, uns zu einem der tiefsten Geheimnisse der heutigen Kosmologie geführt hat, dem Geheimnis der »dunklen Energie«.

Ein Jahr nach unserem Besuch im CERN – im Oktober 1998 – geht eine Nachricht in Windeseile um die Welt: Zwei voneinander unabhängige Astronomengruppen haben beobachtet, dass die explosiven Sterne, die man Supernovae nennt, in Wahrheit sehr viel weiter von uns entfernt sind, als ihr Licht vermuten lässt. »Ein echter Erdrutsch!«, meint Leonard Susskind, der Experte für theoretische Physik an der amerikanischen Universität Stanford. »Ein Erdbeben!«, hallt es in den Observatorien in Frankreich nach. Die einzige mögliche Erklärung dafür ist nämlich, dass der Kosmos sich sehr viel schneller ausdehnt, als man bis dato annahm. Seine Expansion beschleunigt sich also. Aus welchem Grund? Das weiß niemand. Offensichtlich unter Einwirkung einer unbekannten Kraft, der Michael Turner, Kosmologe an der Universität Chicago, einen Namen gibt, der direkt aus *Krieg der Sterne* zu stammen scheint: die dunkle Energie. (Nicht die dunkle Seite der Macht also, auch wenn einige Astrophysiker es vorziehen, sie als »schwarze Energie« zu bezeichnen.)

Das ist der aktuelle Stand der Dinge. Im Jahr 2006 veröffentlicht ein Astrophysiker auf http://arXiv.org einen Fachaufsatz mit dem provokanten Titel: »Dunkle Energie: das Jahrtausendenigma«[81]. Sicher ist (denn das ist ein beobachtbares Faktum), dass das Universum sehr viel schneller wächst als angenommen, seine Expansion beschleunigt sich. Das mag ja sein, aber welche Auswirkungen hat das nun auf unseren Alltag? Praktisch keine. Sie werden davon weder jetzt noch in Zukunft etwas spüren. Und doch ist dadurch eines klar geworden: Auch in Zukunft wird das Universum nicht in sich zusammenfallen wie ein misslungenes Soufflé. Anders gesagt: Es wird nicht in einem großen, finalen Crash explodieren (den die Wissenschaftler »Big Crunch« nennen).

Philosophisch gesehen ist es ohnehin interessanter – zumindest unserer Meinung nach – sich vorzustellen, dass dieses gewaltige Feld aus Sternen und Galaxien immer weiter und weiter wachsen, seinen Horizont immer weiter ausdehnen wird. Bis in welche Unendlichkeit? Eine faszinierende Frage, auf die wir am Ende des Buches zurückkommen werden, auch wenn wir nicht behaupten wollen, sie erschöpfend beantworten zu können.

Doch nun stellt sich uns erst einmal die Frage, *weshalb* der Kosmos sozusagen aufs Gas tritt. Ganz ohne Umschweife gesagt: Darüber weiß man heute genauso wenig wie 1998, als das Phänomen entdeckt wurde. Die dunkle Energie stellt nach wie vor ein Rätsel dar. Ihren Ursprung, ihre Natur, ihre Wirkung – all das kennen wir nicht. Einige Wissenschaftler halten sie für die fünfte Grundkraft des Universums, daher hat man sie »Quintessenz« getauft, von lateinisch *quinta essentia*, »fünftes Seiendes«. Wieder andere nehmen an, dass sich dahinter die berühmte kosmologische Konstante Einsteins verbirgt. Eine weitere Denkschule sieht sie als Ergebnis einer »Phantomenergie«, aus der die rapide Beschleunigung der kosmischen Expansion folgt. Doch bis heute ist es noch niemandem gelungen, das Problem der dunklen Energie auf theoretischer oder experimenteller Ebene zu lösen. Und doch soll – wie auf der Webseite der NASA zu lesen ist – diese Energie fast drei Viertel des Universums ausmachen (während die gewöhnliche Materie nur mit ca. fünf Prozent repräsentiert ist). Was folgende verblüffende Schlussfolgerung nach sich zieht: Drei Viertel des Universums, in dem wir wohnen, sind uns unbekannt.

Was nun?

Wenn wir das Geheimnis der dunklen Energie lösen wollen, müssen wir ihre Quelle am richtigen Ort suchen. Unserer Ansicht nach hat die dunkle Energie ihren Ursprung nicht in unserem Universum. Sie wurzelt vielmehr in dem, was vor seiner konkreten, materiellen Geburt da war. Also vor dem Big Bang.

»Vor dem Big Bang!« Als wir 2004 einen entsprechenden Aufsatz unter diesem Titel veröffentlichten, waren die Kosmologen noch nicht bereit, sich einzugestehen, dass es so etwas geben könnte. »Was war vor dem Big Bang?«, fragte sich George Smoot schon 1993 in seinem Buch. Und fand damals folgende Antwort: »Diese letzte Frage erschüttert unseren Glauben an die Fähigkeit der Wissenschaft, die Natur zu erklären.«[82]

Doch der Physiker und Mathematiker Sir Roger Penrose von der Universität Oxford lud 2006 seine Wissenschaftlerkollegen zu einer Konferenz mit folgendem Titel: »Vor dem Big Bang: eine neue, spektakuläre Perspektive und ihre Konsequenzen für die Teilchenphysik«[83]. Zwei Jahre später schwenkt der amerikanische Astrophysiker Marc Kamionkowski, Professor für theoretische Physik am Caltech, auf dieselbe Linie ein: »Es ist längst nicht mehr vollkommen verrückt, sich zu fragen, was vor dem Big Bang gewesen sein könnte.«[84] Genau das denken auch wir. Aus ebendiesem Grund richteten wir seit 1991 die Recherche für unsere Doktorarbeit auf diese Frage aus. Wie wir bereits dargestellt haben, gehen wir davon aus, dass die Zeit vor dem Big Bang keine feste Größe ist, sondern zwischen der reellen und der imaginären Achse oszilliert.

Mittlerweile gibt es jedoch eine neue Entwicklung: Inzwischen ist klar erkennbar, dass die Quelle der Zeitfluktuationen vor dem Big Bang ein »Feld« ist (worunter Sie sich eine Art Kraftfeld vorstellen können). Genauer gesagt, ein »komplexes Feld« im Sinne komplexer Zahlen, ein Feld, das eine reelle und eine imaginäre Komponente aufweist. Davon ausgehend erscheint plötzlich alles klar: Im KMS-Zustand des Universums »ersetzt« dieses Skalarfeld komplexer Zahlen die normale Zeit und wird so zur Quelle der Fluktuationen auf der Zeitachse. Wenn man dies als Grundannahme voraussetzt, was passiert dann nach dem Big Bang? Etwas ganz Außerordentliches: Das thermische Gleichgewicht zerbricht! Das Universum verlässt den KMS-Zustand, die Zeit normalisiert sich, hört auf zu oszillieren und wird zu der guten, alten reellen Zeit, die wir kennen.

Eines darf man dabei nicht übersehen: Das komplexe Skalarfeld, das unserer Ansicht nach vor dem Big Bang existierte, quasi »anstelle« der Zeitdimension, zerfiel zu Beginn der Expansion (in einen reellen und einen imaginären Teil). Was ging da wohl vor sich? Möglicherweise wurde der imaginäre Teil zur gewöhnlichen Zeit, die wir kennen. Und der reelle Teil? Dabei handelt es sich von nun an um einen freien Parameter, dessen Wert zur Konstante wird, die wiederum die Expansion beschleunigt.

Und wieder geschieht eines der Wunder, die die Geschichte der Physik kennzeichnen: 1998 gingen wir davon aus, dass eine Berechnung dieses Werts möglich sei. Heraus kam eine winzige Zahl: 10^{-120} (in reduzierten Planck-Einheiten). Das entspricht 10^{-29} Gramm pro Kubikzentimeter! Ebendieser Wert wurde für die kosmologische Konstante kalkuliert, und er entspricht bislang allen Messungen, vor allem denen der *WMAP*-Sonde. Als seien das Feld, welches das Oszillieren der Zeit vor dem Big Bang verursachte, und die kosmologische Konstante ein und dasselbe.

Was also kann man aus diesen Daten schließen?

Möglicherweise finden hier gleich zwei Probleme eine Lösung. Da ist zunächst die kosmologische Konstante: Wenn man annimmt, dass sie an der Planckschen Schwelle als dynamisches Feld vorliegt, lösen sich einige Schwierigkeiten, die diese von jeher bietet, in Wohlgefallen auf.

Sodann die dunkle Energie: Woher kommt sie? Aus der Welt vor dem Big Bang! Sie ist ein Skalarfeld, das zweifelsohne schon existierte, bevor das Universum dem Quantenschaum entstieg. Die Eigenschaften dieses Feldes lassen unwillkürlich an die kosmologische Konstante denken, die Einstein 1917 in seine Feldgleichungen einführte (um sie hinterher wieder zu verwerfen).

Das Kapitel endet also mit einer höchst positiven Nachricht: Sollte unsere Hypothese eines Tages bestätigt werden, dann würde der Ursprung der Konstante in der Dynamik vor dem Big Bang ein Paradox lösen, das die Konstante von jeher mit sich bringt. Dann nämlich fände die unglaubliche Feinabstimmung der Konstante, auf die wir bereits in einem früheren Kapitel verwiesen haben, eine vollkommen natürliche Erklärung.

Andererseits könnte die Tatsache, dass es dunkle Energie gibt, auch als Hinweis auf die Existenz eines rätselhaften Zustands vor der Zeit gelten: auf eine imaginäre Zeit vor dem Big Bang.

Das aber führt uns natürlich geradewegs zur letzten und grundlegendsten Frage: Was war vor dem Big Bang?

Kapitel 21

Was war vor dem Big Bang?

10^{-43} Sekunden!

Plötzlich zerreißt ein Lichtstrahl das Nichts. Einen extrem kleinen Sekundenbruchteil später bildet sich aus dem Schwarzen Loch des Ursprungs ein winziger Feuerball von unbeschreiblicher Hitze – Milliarden mal Milliarden Grad – und sendet Strahlung aus. Immer höhere Flammenwellen breiten sich durch das Nichts aus, die Urkräfte formen und teilen sich. Eine Wolke von Teilchen legt sich über die unsichtbare Wellenstruktur der Gravitation. Die Schockwellen werden von dem Abgrund zurückgeworfen und machen aus dem elektrisch geladenen Raum eine urzeitliche Feuerlohe. Zeit und Raum entstehen in diesem chaotisch wirbelnden Schaum.

So sieht die erste Sekunde im Leben unseres Universums aus.

Sicher wissen Sie, dass unser Universum in weniger als drei Minuten entstanden ist (wie es der Nobelpreisträger der Physik, Steven Weinberg, so schön beschrieben hat). In diesen drei Minuten haben Raum, Zeit und Materie angefangen zu *existieren.* Drei Minuten vorher war da noch gar nichts. Nicht ein Gramm Materie, nicht ein Zentimeter Raum, nicht eine Sekunde Zeit, sondern schlicht *nichts.* Plötzlich und unvermittelt der Big Bang. Eine Energiemenge, die ans Unendliche grenzt, explodiert unter irrsinnig hohen Temperaturen in die Leere des Ursprungs. Woher aber kommt diese unglaubliche Energie? Den Physikern ist klar: Kurz vorher gab es da noch nichts. Durch welches Wunder konnte sie plötzlich aus dem Nichts entstehen. Wieso gab es anstelle des Nichts auf einmal »etwas«? Anders gesagt: Woher rührt der Big Bang?

Erneut stehen wir vor einem der tiefgründigsten Mysterien des Universums. Als wir 1991 zusammen mit Jean Guitton das Buch *Gott und die Wissenschaft* veröffentlichten, formulierte Jean Guitton diese Frage so:

> Zu Beginn dieses Buches möchte ich die erste Frage stellen, die mir in den Sinn kommt – die quälendste, die schwindelerregendste jeder philosophischen Suche: Warum gibt es *etwas* und nicht nichts? Warum gibt es Sein? Jenes »gewisse Etwas«, das uns vom Nichts trennt? Was ist am Anfang der Zeiten geschehen, das alles entstehen ließ, was heute existiert? Die Bäume, die Blumen, die Menschen, die durch die Straße gehen, als wäre nichts vorgefallen? Welche Kraft hat dem Universum die Form gegeben, die es heute aufweist?[85]

1991 war es schwierig (um nicht zu sagen unmöglich), diese Frage zu beantworten. Wo aber stehen wir heute? Wir sind noch nicht sehr viel weitergekommen. Die meisten Wissenschaftler gehen davon aus, dass wir nicht wissen können, was vor dem Big Bang war. Wer zum Beispiel? Der bekannte amerikanische Astrophysiker Robert Jastrow. Er fängt seinen schönen Beitrag über Wissenschaft und Schöpfung so an:

> Wir werden nie in Erfahrung bringen, was den Anfang verursacht hat, da die Wissenschaft dort, wo der Big Bang stattfand, gegen eine undurchdringliche Wand rennt. Die kosmische Explosion – die Geburt des Universums – ist ein Ereignis, dessen Ursache sich nicht feststellen lässt. Einige glauben ja, dass die Wissenschaft die Antwort darauf vielleicht nicht heute, aber morgen oder irgendwann finden wird und dass wir sie dann auch auf der Titelseite der *New York Times* lesen können. Doch dies wird nie geschehen. Der Moment, in dem das Universum entsteht, ist der Wissenschaft unzugänglich, weil Temperatur und Druck zu jener Zeit unendlich hoch waren. Das aber bedeutet, dass alle Spuren, die uns eine Vorstellung von einem möglicherweise natürlichen Vorgang geben könnten, aus dem der Big Bang entstanden ist, ein für alle Mal ausgelöscht sind ...
>
> An diesem Punkt sind die Astronomen und Kosmologen auch nicht weiter als die Theologen, die immer schon annahmen, dass eine übernatürliche Kraft, eine Schöpferkraft, für die Entstehung der Welt verantwortlich ist.[86]

Auch wenn Jastrows Beobachtungen richtig sind (und von einem großen Teil der Gemeinschaft der Wissenschaftler geteilt werden), finden wir doch, dass er ein bisschen zu pessimistisch ist. Die jüngsten Entdeckungen in der Physik (oder anderen Disziplinen wie der Mathematik und neuen Formen der Informationswissenschaft) erlauben den Schluss, dass sich auch darauf Antworten finden lassen (selbst wenn man sie an ungewohnter Stelle suchen muss). Mithilfe der metallenen Astronomen ist es möglich geworden, den Blick über die Plancksche

Mauer hinaus zu richten. Und mehr – sei es auch nur ein bisschen – über den Ursprung des Big Bang herauszufinden.

Drehen wir also die Zeit noch einmal um mehr als 13 Milliarden Jahre zurück und sehen wir uns das Universum im Augenblick des Big Bang an.

Werden die Raumsonden, die unsere kosmologischen Fragestellungen beantworten sollen (insbesondere *Planck*), uns mehr über die Plancksche Schwelle und somit über den Big Bang sagen? Wie wir in diesem Buch gesehen haben, kann man diese Frage mit Ja beantworten, ohne sich allzu weit aus dem Fenster zu lehnen. Das sagt auch George Efstathiou, Astrophysiker an der Universität Cambridge und für England im *Planck*-Team, jener Forschergruppe, welche das Projekt vor 17 Jahren in Angriff nahm: »Wir haben mit der wissenschaftlichen Analyse der exzellenten Messdaten *Plancks* begonnen und erwarten uns wichtige Aufschlüsse über den Anbeginn von Zeit und Raum, wie wir sie kennen.«

Damit ist auf jeden Fall zu rechnen, zumindest was den Augenblick des Big Bang betrifft. Aber vorher? Auch diesbezüglich lernen wir allmählich, die Daten der Raumsonden zu nutzen. Sehen wir einmal, was die Spezialisten für die Hintergrundstrahlung der Forschergruppe von der japanischen Universität Tsukuba im Jahr 2006 sagen: »In der fossilen Hintergrundstrahlung sind wertvolle Informationen über die physikalischen Prozesse bei der Geburt des Universums in Form von Anisotropien gespeichert. Das Winkelleistungsspektrum dieser

Anisotropien, das von *COBE* und *WMAP* gemessen wurde, zeigt im Großen und Ganzen die Geschichte des Universums von seiner Geburt bis heute an. Dies lässt uns hoffen, dass – zumindest wenn wir an das Inflationsmodell des Universums glauben, also an eine rasche Expansion ohne globale Thermalisierung – die weiträumige Verteilung dieser Anisotropien uns Informationen über die Dynamik der Ereignisse vor dem Big Bang geben könnte. Wir sind kurz davor, den Quantenaspekt des Universums enthüllen und verifizieren zu können.«[87]

Dies ist sehr aufschlussreich, was den Geist der Forschung angeht, mit dem die Theoretiker heute an das Problem herangehen. Endlich sind die Denker von jenen Einschränkungen befreit, die bislang die Erforschung des Universums im Moment des Big Bang und davor unmöglich gemacht haben.

Das Universum im Augenblick des Big Bang beginnt sich uns zu zeigen. Doch natürlich ist es nicht »einfach so« aus dem Nichts entstanden. Irgendwoher muss es ja kommen? Nur, woher?

Erster Punkt: Es existiert durchaus etwas vor dem Big Bang, eine andere Welt. Da sie sich im unendlich Kleinen verliert, werden wir sie vermutlich nie sehen können. Aber sie ist nicht *nichts*. Anders als die selbst von Wissenschaftlern häufig gewählte Phrase suggeriert, wurde die Welt nicht *ex nihilo*, aus dem Nichts, geschaffen.

Zweiter Punkt: Die physikalische Wirklichkeit, so wie wir sie kennen, ist mit dem Big Bang entstanden. Nicht im Augenblick null, sondern genau 10^{-43} Sekunden nach dem Zeitpunkt null. Und nach drei Minuten finden wir im soeben entstandenen Universum nicht nur Zeit und Raum, sondern auch Energie (ziemlich viel) und ein winziges bisschen Materie (genauer gesagt die grundlegenden Bausteine derselben).

Dritter Punkt (der aus den ersten beiden folgt): Vor dem Big Bang existieren Raum, Zeit und Materie noch nicht. An ihrer statt findet sich etwas anderes. Nur was? Dazu haben wir Ihnen schon das ein oder andere berichtet, vor allem in dem Kapitel über den außerordentlichen Zustand, in dem das Universum sich kurz vor dem Big Bang befand. Erinnern Sie sich? Der KMS-Zustand. Ebendort werden wir jetzt die Antwort auf die Frage nach den Ursachen des Big Bang suchen.

Der KMS-Zustand ist der Schlüssel, der uns das Tor in der Planckschen Mauer aufsperrt. Wie Sie sich erinnern, herrscht der KMS-Zustand an der Planckschen Schwelle im ganzen Universum. Das hat spektakuläre Folgen: Die Zeit vor dem Big Bang war vermutlich »komplex«(das bedeutet, dass sie zwischen ihrer reellen Form – der Zeit, wie wir sie kennen – und einer imaginären Form oszilliert). Eine Teilantwort auf unsere Frage nach dem Ursprung des Big Bang ist zweifelsohne hier zu suchen: in den drei Formen der Zeit.

Die erste Form ist die gewöhnliche Form: Zeit, wie sie heute herrscht. Sie ist untrennbar verknüpft mit der Energie in unserer Welt. Diese sorgt dafür, dass die Dinge sich bewegen, sich verändern, explodieren und so weiter. Ohne Zeit keine Energie!

Nun sehen wir uns die zweite Form der Zeit an: die imaginäre Zeit. Genauer gesagt: die rein imaginäre Zeit. (Wie Sie sich erinnern, wird sie mit imaginären Zahlen gemessen.) Anders als die reelle Zeit, die ständig in Bewegung ist, besitzt die imaginäre Zeit keinen Verlauf. (Sie ist sozusagen »eingefroren«.) Man kann sich das in etwa so vorstellen wie eine Filmrolle, auf der die Geschichte des Films ja auch nicht abläuft. In der imaginären Zeit existiert auch keine Energie.

Was aber finden wir stattdessen? Etwas, das die Spezialisten mittlerweile als »Information« bezeichnen. Und was ist darunter nun zu verstehen? Tatsächlich ist »Information« (Überraschung!) dasselbe wie Energie, nur eben auf der Ebene der imaginären Zeit. Statt von »Gramm« (Kirschen) oder »Stundenkilometern« (Autos) zu sprechen, versucht man dasselbe Objekt zu beschreiben, indem man angibt, welche Menge an »Information« es enthält. Eine Information, die in Bits gemessen wird. (Ein beruhigendes Wort, nicht wahr? Schließlich kennen wir es gut.)

So gesehen reduzieren sich der Stuhl, auf dem Sie sitzen, die Brille oder die Kleidungsstücke, die Sie tragen, das Haus, in dem Sie leben, letztendlich auf reine Information: eine Bit-Wolke sozusagen. Wir beginnen also mittlerweile, alles (mehr oder weniger grob) nach dem Informationsgrad einzuteilen, den dies oder jenes Objekt hat, und es diesbezüglich mit anderen Objekten zu vergleichen. Aber kehren wir wieder an den Ursprung des Universums zurück. Wo finden wir denn diese ominöse »imaginäre Zeit«? Sie haben es erraten: nicht in unserer Welt, sondern anderswo, vor dem Big Bang und im Bereich der komplexen Zeit.

Das ist also die dritte Form der Zeit. Die komplexe Zeit besteht, mathematisch betrachtet, aus der Addition von reeller und rein imaginärer Zeit. Schon wird alles klar: Die rein imaginäre Zeit gilt, wenn es die reelle Zeit noch nicht gibt, im Zeitpunkt null. Mit dieser Information ausgerüstet können Sie – wie wir – schließen, dass im Zeitpunkt null, in dem Augenblick also, in dem das Universum nur in der imaginären Zeit existiert, das, was wir in unserer Welt »Energie« nennen, ebenfalls nicht existiert. Was aber findet sich an seiner statt? Genau, die imaginäre Energie! Kommt Ihnen das merkwürdig vor? Für einen Physiker aber ist die Existenz der imaginären Energie fast schon eine Banalität. Sie variiert nicht (da es ja keine reelle Zeit gibt) und reduziert sich auf das, was man in der Mathematik ein »skalares Feld« nennt, eine Art »Zahlenwolke«, eine Gruppe von Zahlen.

Wir haben hier also eine Form von »kristallisierter« Energie, die jedem Punkt eine Zahl zuordnet. Doch statt sie weiterhin als imaginäre Energie zu bezeichnen, nennen wir sie künftig »Information«. Unsere Schlussfolgerung sieht dann so aus: Im Zeitpunkt null gab es nichts anderes als Information, ein seiner Natur nach numerisches »Etwas«, das alle Eigenschaften des Universums, die nach dem Big Bang entstehen werden, »codiert« in sich trägt.

So sehen also die beiden »Pole« des Universums aus: am Nullpunkt imaginäre Zeit und Information, an der Planckschen Schwelle hingegen reelle Zeit und Energie.

Und was passiert nun dazwischen?

Ganz einfach: Da die Zeit hier notwendig komplex ist (dies ist die wesentliche Konsequenz des KMS-Zustandes), kommt es zu einer Überlagerung von Energie und Information. Anders ausgedrückt: Während die imaginäre Zeit zur reellen Zeit wird, wird die imaginäre Energie des Nullpunktes (die ursprüngliche Information) im Augenblick des Big Bang zur reellen Energie.

Wie kommt es zum Big Bang? An diesem Punkt sind wir der Antwort schon ganz nah. Anders als die Experten, die nicht müde werden zu wiederholen, dass allein schon die Frage, was »vor dem Big Bang« gewesen sei, keinen Sinn ergebe (weil die reelle Zeit ja noch nicht existierte), denken wir, dass es durchaus möglich ist zu beschreiben, was »vor« der Geburt des Universums geschah. Um dies zu verdeutlichen, soll uns ein simples Beispiel genügen: Stellen Sie sich einen Song vor, der auf CD gebrannt ist. Wenn Sie mithilfe der Energie Ihrer Hifi-Anlage die CD abspielen, hören Sie den Song in der reellen Zeit, er erklingt Note für Note. Sobald das Stück zu Ende ist, werfen Sie die CD aus: Damit aber verlässt sie die Welt der Töne und der Energie und wird zur puren Information, die auf der glänzenden Scheibe eincodiert ist.

Wenn Sie also wissen wollen, was »vor dem Big Bang« war, dann wäre das genauso, als fragten Sie sich, was war, bevor Sie die CD in den Player legten: Natürlich war die Melodie da auch schon »da«, aber eben in Form von Information. So gesehen ist es durchaus vorstellbar, dass die gewaltige Energie, die innerhalb weniger Sekundenbruchteile aus dem Nichts entstand, in der Welt der Information bereits angelegt war, im Zeitpunkt null. Ein Phasenübergang von gigantischem Ausmaß von der imaginären Energie (der ursprünglichen Information) zur höchst realen Energie, die sich während des Big Bang ausbreitet, um die Galaxien zu schaffen, die Milliarden von Sternen, die Erde, Sie und Ihren Hund.

In diesem Sinne könnte, wie wir dies an anderer Stelle bereits dargelegt haben, die Anfangssingularität eine Art Träger des »kosmischen Codes« sein, eine Art mathematisches Programm, das sich mit dem genetischen Code von Lebewesen vergleichen lässt. Was die Bedeutung des Zufalls im Augenblick des Big Bang (und mehr noch davor) deutlich schmälert. Ein ähnliches Gefühl hat wohl George Smoot beschlichen, als er die Anfangssingularität quasi vor Augen hatte: »Ist dies dann der Punkt, an dem die wissenschaftliche Erklärung versagt und Gott als Urheber der Singularität, der ursprünglichen Einfachheit, in sein Recht tritt?«[88]

Vor gut zwanzig Jahren schrieben wir auf der letzten Seite von *Gott und die Wissenschaft:* »Nach allem, was gesagt wurde, können wir das Universum als eine in einem Geheimcode abgefasste Nachricht begreifen, als eine Art kosmische Hieroglyphe, die wir gerade erst zu entschlüsseln beginnen. Was aber enthält diese Nachricht? Jedes Atom, jedes Fragment, jedes Staubkorn existiert in dem Maße, wie es Teil einer universellen Bedeutung ist. Und so gliedert sich der kosmische Code auf: zuerst Materie, dann Energie und schließlich Information.«[89]

Natürlich beantwortet die Feststellung, die Wurzeln des Big Bang lägen in einer Welt der Information, nicht die letztendliche Frage, wo diese Information denn herkommt. Gibt es also noch etwas, das darüber hinausgeht? Wenn wir die Vorstellung akzeptieren, dass das Universum eine geheime Nachricht ist, wer hat diese Nachricht dann verfasst?

Zweifelsohne ist die Nachricht so verfasst, dass ebendiese Frage keine Antwort zulässt.

Schlusswort

Seit seiner Entstehung vor 13,7 Milliarden Jahren hat sich das Universum allmählich zu immer größerer Komplexität entwickelt, bis Leben und Bewusstsein in ihm entstanden. Dies stellt uns vor folgende höchst faszinierende Frage, vielleicht die wichtigste aller Fragen: Ist eine solche Entwicklung, wie George Smoot oder Freeman Dyson denken, der Materie gleichsam eingeschrieben? Denn in diesem Falle wäre unser Kosmos weit mehr als eine Ansammlung von Sternen, Planeten und Galaxien: ein hierarchisch organisiertes Ganzes, das notwendigerweise Leben aus den unbelebten Molekülen generiert. Anders ausgedrückt hieße das, dass das Leben der spontane Ausdruck eines Universums ist, dessen natürliche Tendenz dahin geht, die einfachsten Moleküle immer höheren Organisationsgraden zuzuführen, bis schließlich Leben entsteht.

Was aber steckt hinter dieser spontanen Neigung der Materie zum Leben? Warum erscheint dieses immer mehr als logische Konsequenz der grundlegenden Eigenschaften der Materie? Möglicherweise vergessen wir zu oft, dass die unglaubliche Vielfalt, die Sie von Ihrem Wohnzimmerfenster aus sehen können – Grashalme, Schwalben, Ameisen, Rosen –, ihren Ursprung im Kohlenstoffatom hat: Und damit sind wir wieder beim Kosmos und den Sternen, ohne die der Kohlenstoff niemals hätte entstehen können. Wie wir bereits sagten, führt auch nur die winzigste Abweichung in der »kosmischen Kausalkette« beziehungsweise in einer der Fundamentalkonstanten zu ungenauen, unvollständigen Resultaten, die mit unserem Universum unvereinbar wären: Nur eine winzige Veränderung der Ausgangsbedingungen, und das Leben hätte niemals entstehen können.

Daher müssen wir, um unsere Frage zu beantworten, sehr weit in die Vergangenheit zurückgehen, bis zum Zeitpunkt null, bis zu dem geheimnisvollen Augenblick, in dem das Universum entsteht, in dem – wie wir glauben – die Naturgesetze, die unsere Wirklichkeit lenken, dem Ganzen eingraviert wurden. Wie die Lebewesen, denen eine genetische Information vorausgeht, die ihre Erscheinungsform codiert, könnte doch auch das Universum Resultat eines kosmischen Codes sein, der seine Eigenschaften und seine Naturgesetze steuert.

Wie alle Codes wäre dieses »kosmische Urprogramm« nicht mehr als ein System numerischer Daten und der zugehörigen Verarbeitungsanweisungen. Wenn dieser Code – wie wir glauben – zum Uranfang des Universums gehört, wäre er gleichzeitig mit der imaginären Zeit verbunden. Wie wir bereits gesehen haben, hat die reelle Zeit, die Zeit also, die in der uns bekannten Welt vergeht, immer mit Energie zu tun. Ein Feuer setzt seine Energie im Rahmen eines bestimmten Zeitraums frei, ein Motor erzeugt Energie innerhalb eines messbaren Zeitraums.

Ein Beispiel aus unserem Alltag: Sie legen eine DVD in Ihren Player und sehen einen Film an. Dabei konsumieren Sie eine bestimmte Menge Energie (elektrische Energie, Lichtenergie, mechanische Energie und so weiter), die messbar ist und während eines bestimmten Zeitraums verbraucht wird. Sie können die Geschwindigkeit des Films nicht beschleunigen oder verlangsamen (ohne an Verständnis einzubüßen): Sie sind gezwungen, still in Ihrem Sessel sitzen zu bleiben, bis der Film zu Ende ist. Sobald Sie die DVD aus dem Gerät nehmen, verlässt der Film aber die Welt der reellen Zeit (die Welt der Energie). Er ist nun wieder Teil der imaginären Zeit (der Welt der Information). Die Geschichte Ihres Films ist immer noch »da«, sie ist in Form von Nullen und Einsen auf die silberne Scheibe gebrannt: Der gesamte Ablauf mit seinen Szenen, Personen, mit allen Autos, Hunden und Häusern, die darin vorkommen, ist immer noch auf der Scheibe, nun aber jenseits der Welt der Energie, der Chronologie, jeglicher Dauer. Auf dieser Scheibe existiert weder die Vergangenheit noch die Zukunft, sondern nur die *Information* als solche.

Ein anderes Beispiel: All die Information, die sich in diesem Buch befindet, ist da. Und doch können Sie sie sich nicht auf einmal einverleiben. Sie müssen eine Seite nach der anderen umblättern. Ihre Lektüre erstreckt sich also über einen gewissen Zeitraum und verlangt Energie (Atmung, Nahrung und so weiter).

Unserer Ansicht nach gründet das Universum vor dem Big Bang nicht in Energie, sondern einzig und allein in Information. Aber wir wollen noch einen Schritt weitergehen: Stellen Sie sich vor, alle Naturgesetze seien auf einer Art »kosmischer DVD« eingebrannt. Was würde wohl geschehen, wenn diese DVD nicht eingelegt wäre? Genau! Nichts. Das Universum, wie wir es kennen, würde nicht existieren: Die Information auf der DVD würde in der imaginären Zeit bleiben (wie der Film, der »außerhalb der Zeit« existiert, wenn die Scheibe nicht von einem Player decodiert wird).

Sobald aber die DVD gelesen wird, vollziehen die darauf gespeicherten Naturgesetze ihren Eintritt in die Welt von Zeit und Energie: Von diesem Moment ab ist die Wirklichkeit *in der Zeit* dem Wirken der Naturgesetze und Fundamentalkonstanten unterworfen. Der Konstante der Lichtgeschwindigkeit zum Beispiel, die dafür sorgt, dass sich ein Lichtstrahl mit einer Geschwindigkeit von 299 792 458 Meter pro Sekunde fortbewegt. Doch für den Ursprung dieser Konstante, die Tatsache, dass sie genau diesen und keinen anderen Wert besitzt, ist unserer Ansicht nach etwas verantwortlich, das nicht innerhalb dieser Welt liegt. Wie alle anderen so scheint auch diese Gesetzmäßigkeit vom Universum unabhängig zu existieren. Zumindest hat man unweigerlich den Eindruck, sie wurzelten *woanders.*

Heute, 13,7 Milliarden Jahre nach der Geburt des Universums, gibt es Leben auf einer kleinen, ja fast schon banalen Welt: Blumen, Bakterien, Pantoffeltierchen und Rhinozerosse, Eichen, Milben, Seesterne und Menschen. Trotz dieser erstaunlichen Vielfalt weisen all diese Organismen auf genetischer und molekularer Ebene eine außerordentlich hohe Übereinstimmung in Struktur und Funktion auf. Sie bestehen alle aus denselben Nukleinsäuren und denselben Proteinen, die wiederum aus denselben Bausteinen (Aminosäuren) aufgebaut sind. Ihre Gene sind durchweg Formen desselben DNS-Moleküls, die genetische Codierung ist dieselbe, dieselben Enzyme steuern Reaktionen, die einander verblüffend ähneln.

Doch es gibt eine noch verblüffendere Übereinstimmung: Warum weisen alle Moleküle, die als »Bausteine des Lebens« gelten können, eine Linksdrehung auf? Ob es sich nun um ein

Bakterium handelt oder um einen Kartoffelkäfer, um eine Rose oder Giraffe, um eine Alge oder Fliege, um einen Menschen oder eine Nacktschnecke, alle bestehen sie aus linksdrehenden Aminosäuren. Was kann der Grund dafür sein? Warum sind diese lebenswichtigen Moleküle nicht rechtsdrehend? Gibt es dafür eine Erklärung?

Wie wir glauben, weist diese strukturelle Eigenart auf eine tiefgreifende Einheit des Lebens hin, die gleichsam vorprogrammiert zu sein scheint. Heute weiß man, dass die Embryonen von Kabeljau, Pferd und Mensch ein Stadium durchlaufen, in dem sie Kiemen entwickeln. Dies geht darauf zurück, dass sie einen gemeinsamen Vorfahren besitzen, eine Art Fisch, der mittlerweile längst ausgestorben ist. Jüngere Forschungsarbeiten über diesen gemeinsamen Ahnen haben nun etwas ganz Erstaunliches ans Licht gebracht: Die künftige Entwicklung primitiver Hirnstrukturen hin zur menschlichen Großhirnrinde scheint im Genom unserer reptilienartigen Vorfahren *schon angelegt* zu sein.

Das wirft neue, interessante Fragen auf, denn in diesem Fall würde die Evolution keineswegs mehr *nur* vom Zufall bestimmt. Physiker wie Seth Lloyd und David Deutsch setzen sich heute mit diesem Phänomen wissenschaftlich auseinander: Ihnen zufolge gehorcht die Evolution des Universums mit allem, was es umfasst, einem »Programm«, das im Herzen der Materie selbst ruht. Wenn dieses tatsächlich existieren sollte, wie weit müssten wir zurückgehen, um den Ursprung dieses geheimnisvollen Programms aufzudecken? Müsste dieses nicht logischerweise der Entstehung des Universums selbst vorausgehen, also in der rätselhaften Zeit vor dem Big Bang liegen? Der Physiker Paul Davies nimmt dies offensichtlich an, denn er schreibt:

> Wenn die NASA-Wissenschaftler behaupten, Wasser bedeute Leben, dann sind sie nicht nur sehr optimistisch bezüglich ihres Projekts; sie setzen auch stillschweigend eine fundamentale Annahme über das Wesen der Natur als Tatsache voraus. Im Endeffekt sagen sie nämlich, die Gesetze des Universums seien auf raffinierte Weise darauf ausgelegt, entgegen jeder Wahrscheinlichkeit Leben hervorzubringen; die mathematischen Prinzipien der Physik hätten in ihrer eleganten Einfachheit das Leben und seine enorme Komplexität irgendwie vorausgeahnt. Wenn aus einer Ursuppe mit kausaler Unabänderlichkeit Leben hervorgehen *muss*, dann enthalten die Naturgesetze einen versteckten Hintersinn, einen kosmischen Imperativ, der ihnen vorschreibt: »Schafft Leben« – und nicht nur Leben, sondern auch dessen Nebenprodukte Geist, Wissen und Verstand. [...] Eine atemberaubende, großartige, mitreißende Sicht der Natur![90]

In diesem Augenblick gleitet in der Stille des Alls in 1,5 Millionen Kilometer Entfernung von der Erde eine Raumsonde dahin, die am 14. Mai 2009 gestartet wurde. In der Eiseskälte des Weltraums führt *Planck*, abgeschirmt vom Einfluss der terrestrischen Schwerkraft und der Strahlung der Sonne, ihre Mission aus: noch genauere Messdaten zu liefern als *COBE* und *WMAP*. Die Messungen, die sie seitdem ohne Unterlass durchführt, sind von unerreichter Präzision. Zu Beginn des Jahres 2011 erfolgten die ersten Auswertungen. Sie erlauben uns, die aus den Beobachtungen der ersten Raumsonden gewonnenen

Einsichten noch zu vertiefen. Jean-Loup Puget, der verantwortliche Wissenschaftler, den wir am 16. Mai 2009 interviewten, sagt dazu Folgendes: »*Planck* wird uns genau sagen können, aus welcher Zeit die ersten Sterne und Galaxien stammen und wie sie entstanden sind. Die Sonde wird uns darüber aufklären, welche Form Materie und Energie haben, aus denen unser Universum besteht.«

Vor einigen Tagen erhielten wir eine E-Mail von Jean-Michel Lamarre, dessen visionären Entwurf der Sonde wir am Ende dieses Buches publizieren. Darin heißt es: »Da *Planck* dafür gebaut wurde, die Polarisierung der Hintergrundstrahlung mit der geringstmöglichen Abweichung zu messen, wird man damit unter Umständen die Spuren der Gravitationswellen auffangen können, die während der inflationären Phase des Big Bang entstanden sind. Was diesen Messwert angeht, ist die Sonde dreimal so empfindlich wie die neun Jahre aktive *WMAP*-Sonde. *Planck* ist darüber hinaus auch bestens vor Einflüssen geschützt, die diese komplizierte Messung stören könnten. Vor diesem Hintergrund erwarten wir, dass viele Fragen der Physik und der Astrophysik geklärt werden.«[91]

Wir müssen uns noch bis Ende 2012 gedulden, bis die ersten Daten und Auswertungen veröffentlicht werden. Wenn *Planck* das Rätsel um die ersten Augenblicke des Universums lösen kann, wird die Sonde der Menschheit einen einzigartigen kosmologischen Schatz liefern: Vielleicht begegnen wir nicht dem Angesicht Gottes, dennoch wird uns aus dem Abgrund der Zeit geheimnisvoll und ehrfurchtgebietend der Uranfang der Schöpfung entgegenblicken.

ANHANG

James Peebles
Der lange Weg zum heißen Big Bang

In meinem Beitrag zum Buch von Igor und Grichka Bogdanov möchte ich den Leser vor allem daran erinnern, dass die Theorie vom Big Bang auf den Arbeiten mehrerer Forscher beruht, die größtenteils nichts voneinander wussten. Das galt für mich, als ich jung war, ebenso wie für Robert Wilson, der entscheidenden Anteil an der Entdeckung hatte, dass es den Big Bang tatsächlich gegeben hat. Daher ist es für mich ein besonderes Vergnügen, mich ein halbes Jahrhundert später mit ihm Seite an Seite zu wissen – in diesem Buch.

Ich hatte Anfang der Sechzigerjahre auf Anraten meines Professors Bob Dicke angefangen, mich mit Kosmologie zu beschäftigen, der Wissenschaft vom Weltall. Das war natürlich sehr reizvoll, aber ich war stets ein wenig bekümmert, weil es einfach an klaren Beweisen fehlte, die uns hätten sagen können, welche der Theorien, die damals im Schwange waren, nun richtig oder falsch war. Allerdings sah ich, dass bestimmte Berechnungen Resultate bringen konnten, die sich dann mit dem Wenigen, das wir an Messdaten besaßen oder zu finden hofften, vergleichen ließen. Also beschloss ich, ein oder zwei Jahre lang in diesem Bereich zu arbeiten und mich dann einem Zweig der Wissenschaft zuzuwenden, der über eine bessere experimentelle Basis verfügte.

Dann aber brachte der technische Fortschritt bessere Möglichkeiten, die schwache Strahlung weit entfernter Objekte zu messen, und die Computer, die diese Messungen auswerten sollten, konnten immer mehr Daten verarbeiten. Damit taten sich ganz neue Wege auf, den Rätseln des Universums durch Beobachtung beizukommen. Je mehr neue Messergebnisse ich erhielt, desto mehr neue Ideen kamen mir, die weitere Messungen erforderlich machten. Ich weiß nicht, ob mir das damals tatsächlich klar war, aber diese Situation war für einen jungen Wissenschaftler absolut wunderbar. Jedenfalls wollte ich dann unbedingt weitermachen. Und so widmete ich, ohne es so geplant zu haben, meine gesamte berufliche Laufbahn am Ende doch einer Frage, die sich als fruchtbarer und bereichernder entpuppte, als ich es mir zu Anfang auch nur vorstellen konnte.

Damals verfolgten wir die Theorie, dass das Universum zu Anfang in einem Zustand hoher Dichte war und sich seitdem ausdehnte. Diese Theorie passte zu den beobachtbaren Fakten: Das Licht weit entfernter Galaxien war entsprechend in den spektralen Rotbereich verschoben, als würde seine Wellenlänge in dem Maße »auseinandergezogen«, in dem die Galaxien sich voneinander entfernten. Ich hatte diese Theorie im Rahmen meiner Diplomarbeit kennengelernt. Damals war die Beweislage aber noch so dünn, dass ich mich unwillkürlich fragte, ob tatsächlich jemand diese Theorie ernst nehmen konnte.

Bob Dicke allerdings war der Ansicht, dass es möglich sein müsse, dafür neue Beweise zu finden. Wenn das Universum zu Anfang sehr heiß gewesen war, dann mussten sich doch noch Spuren der »fossilen« thermischen Strahlung finden lassen. Natürlich war diese mit der Expansion des Universums abgekühlt, trotzdem müsste sie immer noch den gesamten Raum erfüllen. Wenn das Universum »überall« war, konnte sie ja »nirgendwo anders« hin. Und wenn diese Strahlung immer noch vorhanden wäre, müsste ihre Beschaffenheit uns Hinweise darauf geben können, ob die Theorie von der Expansion des Universums stimmte.

Als Dicke diese Idee entwickelte, beendete ich gerade unter seiner Leitung mein Graduiertenstudium in Physik. Und so überzeugte er David Wilkinson und Peter Roll (die in ihren Studien am selben Punkt waren wie ich), ein Instrument zu bauen, das in der Lage sein sollte, die fossile Hintergrundstrahlung aufzufangen (falls sie denn tatsächlich existieren sollte). Meine Aufgabe war es, die theoretischen Implikationen solch eines Unterfangens zu analysieren. Nach dieser Phase hat Roll in der universitären Lehre und Verwaltung Karriere gemacht, während Wilkinson und ich uns weiter der Erforschung der Hintergrundstrahlung widmeten: Dickes Auftrag hatte unser wissenschaftliches Schicksal besiegelt.

Als wir mit unseren Arbeiten begannen, war noch nicht einmal sicher, ob es überhaupt eine Strahlung zu messen gab. Selbst wenn es den Big Bang gegeben hätte, hätte er ebenso gut kalt verlaufen können. Mir fiel schnell auf, dass im Falle eines heißen Big Bang der Druck der Hintergrundstrahlung eine Erklärung liefern müsste, wie die Galaxien entstanden waren und warum gerade Helium sich in so großen Mengen gebildet hatte. Ich entdeckte später, dass ich am selben Problem arbeitete wie George Gamow (ein in den USA naturalisierter Russe), der die Bildung von Helium schon 15 Jahre früher beschrieben hatte. Ich habe damals auch die möglichen Implikationen eines kalten Big Bang untersucht. Später erfuhr ich, dass in Russland ein Physiker namens Yakov Zel'dovich denselben Überlegungen nachging wie ich. Schritt für Schritt entdeckte ich, dass dieses Gebiet nicht so »jungfräulich« war, wie ich gedacht hatte, auch wenn es immer noch viel Neues zu entdecken gab.

Wie ich schon sagte, hielt ich zu Anfang meiner Forschungsarbeiten einen kalten Big Bang für ebenso wahrscheinlich wie einen heißen. Damals hatte ich keinerlei vorgefasste Meinung darüber, welche Theorie sich nun als die richtige erweisen würde. Das allerdings änderte sich, als wir hörten, dass zwei Ingenieure der Bell Laboratories im Rahmen ihrer Arbeiten zur Kommunikation mit einem Nachrichtensatelliten auf ein Problem gestoßen waren: Ihre Instrumente zeigten eine völlig unerwartete Mikrowellenstrahlung an. Während wir – also vor allem Roll und Wilkinson – in Princeton schon lange an dem Problem arbeiteten, war es zwei jungen Wissenschaftlern, Arno Penzias und Bob Wilson, gelungen, durch eine Reihe aussagekräftiger Versuche zu beweisen, dass es tatsächlich eine Hintergrundstrahlung gab.

Ich war nicht dabei, als sich die Princeton-Equipe mit Dicke vor Ort begab, zu den Bell Laboratories. Aber ich erinnere mich noch gut an das Fazit: »Diese Jungs haben gute Messergebnisse!« Penzias und Wilson waren natürlich aus dem Häuschen. Endlich hatten sie eine logische Interpretation für ihr Problem gefunden: Ihre Funkantenne empfing eine Strahlung, die direkt aus den Tiefen des Universums kam, ja vielleicht ein Nachleuchten des Big Bang selbst war. Wir waren überglücklich. Schließlich hatten wir festgestellt, dass es eine messbare Strahlung gab und dass die Resultate eine Analyse wert waren. Von diesem Augenblick an wussten wir, dass wir nützliche wissenschaftliche Arbeit auf einem völlig neuen Forschungsgebiet leisteten.

1965 entdeckten wir also, dass der Himmel von einer Strahlung erfüllt war, die als Überrest eines heißen Big Bang gelten konnte. Für den Beweis, dass dies tatsächlich der Fall war, gab es im Wesentlichen zwei Prüfsteine: Die Energie dieser Strahlung musste auf jeder Wellenlänge des Spektrums den thermischen Ausgangsbedingungen eines heißen Urkosmos entsprechen. Des Weiteren mussten sich in dieser extrem gleichförmigen Strahlung natürlich leichte Schwankungen finden lassen, die erklärten, weshalb die Materie nicht gleichförmig im Universum verteilt war, sondern sozusagen in »Klumpen«.

Das erste Ziel (der Test des Spektrums) wurde 1990 von zwei verschiedenen Seiten realisiert: Da war einmal John Mather mit dem *COBE*-Satelliten und dann Herb Gush, der für eine kanadische Raumfahrtmission verantwortlich zeichnete. Ich weiß noch, wie erleichtert ich war, als ich hörte, dass 25 Jahre Arbeit tatsächlich zum Nachweis führten, dass die Hintergrundstrahlung ein Spektrum aufwies, das genau einem heißen Big Bang entsprach.

Die zweite Hürde, die Sichtbarmachung der Schwankungen in der Hintergrundstrahlung, nahm dann George Smoot, der eines von *COBEs* Messinstrumenten wissenschaftlich betreute. Urplötzlich eröffnete sich ein neues, aufregendes Forschungsgebiet: herauszufinden, wie Strahlung und Materie zum Zeitpunkt der Entstehung des Universums zusammengewirkt haben, um all die Strukturen, die wir heute beobachten können, hervorzubringen. Wenn man davon ausgeht, dass die Materie in »Klumpen« verteilt war, gibt es verschiedene Szenarien für diesen Vorgang. Die Theorie, die damals am meisten favorisiert wurde, war die von der kalten dunklen Materie (CDM oder *Cold Dark Matter*). Kalte, dunkle Materie (die man nach einer anderen hypothetischen Größe, Einsteins kosmologischer Konstante, auch »Lambda-CDM« nennt) spielt dabei die Hauptrolle.

Ich war damit nur bedingt glücklich. Zwar hatte ich selbst diese Theorie aufgestellt, wusste aber vielleicht gerade deshalb, dass andere Modelle ebenso gut zu der damals verfügbaren Datenbasis passten. Sicher war die Theorie von der kalten, dunklen Materie die einfachste unter ihnen, doch warum sollte das Universum sich nach unseren einfachsten Ideen richten? Je mehr Daten allerdings zur Verfügung standen, desto weniger schienen mir alternative Theorien zuzutreffen. Als es einen weiteren wissenschaftlichen Durchbruch gab, wandte ich mich von anderen Modellen vollständig ab.

Dieser Durchbruch war die präzise Vermessung der fossilen Hintergrundstrahlung durch die *WMAP*-Sonde. Die *Wilkinson Microwave Anisotropy Probe* trägt den Namen meines alten Freundes David Wilkinson, der seit den Sechzigerjahren bis zu seinem Tod im Jahr 2002 ununterbrochen auf diesem Gebiet geforscht hat. *WMAP* hat ihren Teil dazu beigetragen zu zeigen, dass die Theorie der kalten, dunklen Materie dem, was in dem sich abkühlenden, expandierenden Universum geschah, tatsächlich sehr nahe kommt.

Um zu verstehen, was *Planck,* die nächste große Mission zur Untersuchung der Hintergrundstrahlung, für mich bedeutet, muss ich Ihnen ein bisschen von meinem Leben als Forscher berichten. In den Sechzigerjahren arbeiteten nur sehr wenige

Wissenschaftler auf dem Gebiet der Kosmologie. Ich habe sie alle sukzessive auf verschiedenen Konferenzen kennengelernt. Das Buch, das ich 1971 zu diesem Thema veröffentlichte, war nicht sehr dick: Ich konnte auf ca. 300 Seiten fast alle spannenden Theorieansätze abhandeln. Damals steckte dieses Forschungsgebiet noch in seinen Kinderschuhen.

Heute würde eine vergleichbare Studie mehrere Bibliotheken füllen. Es wären zahllose Wissenschaftler nötig, die alle auf ihrem Gebiet Experten sind. Die Kosmologie ist mittlerweile ein breites Wissensgebiet geworden. Sie hat überzeugende Beweise erbracht, dass es einen heißen Big Bang gegeben hat, konnte aber keine endgültige »Theorie für alles« beibringen (wenn es eine solche denn überhaupt geben sollte). Die Geschichte der Wissenschaft besteht im Wesentlichen darin, immer genauere Näherungen zu finden, die neue Fragen aufwerfen und die Annäherung an das, was tatsächlich geschieht und geschehen ist, immer feiner werden lassen.

Was die Kosmologie angeht, hatte ich an diesem Prozess über Jahrzehnte hinweg teil: Wie jede erfolgreiche Theorie wirft auch die Kosmologie ständig neue Fragen auf, wie zum Beispiel die nach der Natur der dunklen, kalten Materie. Im Moment laufen zu diesem Problem einige wichtige Experimente, die uns eine Antwort darauf geben könnten.

Und wie ist die andere hypothetische Größe beschaffen, Einsteins kosmologische Konstante? Die hierzu formulierten Hypothesen sind noch sehr vorläufig, doch sie animieren junge, brillante Forscher zu interessanten Forschungsarbeiten. Was tat das Universum, bevor es begann, sich auszudehnen? Auch die Idee von der inflationären Phase ist noch nicht ausgereift.

Plancks Messergebnisse werden uns unter Umständen sagen können, welche der Inflationstheorien stimmt.

Wie man sieht, bin ich gewissermaßen darauf »konditioniert«, ständig unglaubliche Fortschritte auf den überraschendsten Gebieten zu erwarten. Denn genau das erhoffe ich von *Planck*. Wie Sie im Beitrag von Bob Wilson lesen können, besteht die Geschichte der Kosmologie im Wesentlichen aus dem Zusammenspiel von großen Hoffnungen und detaillierter Beobachtung. Zwischendrin aber erhellt die Freude unser Dasein, die Freude, das zu enthüllen, was Smoot »das Antlitz Gottes« genannt hat!

P. J. E. Peebles

Crafoord-Preis für Astronomie 2005
Universität Princeton

Robert Wilson

Die Karte des Universums in seinen Anfängen

Ende der Fünfzigerjahre, als ich noch Student am Caltech war, war die einzige kosmologische Theorie, die an den Universitäten gelehrt wurde, die von Fred Hoyle. Wie heute jeder weiß, war Hoyle Urheber der Steady-State-Theorie vom stationären Universum und auch ihr leidenschaftlichster Verfechter. Ich fand diese Theorie damals recht überzeugend und war also nicht gerade Anhänger einer Kosmologie von der Art der Big-Bang-Theorie. Mittlerweile allerdings lässt sich diese letztere Theorie recht gut beschreiben: als kohärentes Szenario von den ersten Sekundenbruchteilen des Universums bis hin zu der Form, in der wir es heute kennen. Wie der Kosmos allerdings seinen Anfang nahm, wie er mit unglaublicher Präzision genau dorthin steuerte, wo er heute ist, liegt immer noch im Dunkel. Aber wie man es auch nimmt: Die Theorie vom Big Bang scheint die einzige zu sein, die einigermaßen erklären kann, wie es zu dem Universum kam, in dem wir heute leben.

Als ich an meiner Doktorarbeit saß, hörte ich, dass die Bell Laboratories Funkantennen zur Kommunikation mit Satelliten gebaut hatten und Leute für deren Betrieb suchten. Also ging ich 1963, nach einem Postdoc-Jahr am Caltech, nach Holmdel in New Jersey, wo die entsprechende Forschungsabteilung der Bell Laboratories arbeitete. Ich wollte meine astronomischen Forschungen weiter betreiben, während ich meinen Beitrag für die Systementwicklung leistete. Im folgenden Jahr arbeitete ich mit Arno Penzias im Rahmen verschiedener Projekte der Radioastronomie an der riesigen Funkantenne mit ihrem mehr als zwanzig Fuß großen Reflektor. Eine unserer Aufgaben war beispielsweise, den sphärischen Hof (Halo) um unsere Galaxie, die Milchstraße, zu erforschen. Dieser sphärische Hof musste überall zu sehen und einigermaßen gleichförmig sein.

Als wir unser Radiometer installiert hatten (das vor allem die Antennentemperatur am Reflektor exakt messen sollte), stellten wir völlig unerwartet einen erhöhten Wert für diese Temperatur fest. Das war im Mai 1964. Dieser höhere Wert zeigte sich überall im Universum, ganz egal, wohin wir unsere Antenne ausrichteten. Es handelte sich dabei nur um ein paar Grad über dem absoluten Nullpunkt (das war ziemlich wenig, wenn man berücksichtigte, dass es ja auch auf der Erde um die Antenne herum Strahlung gab). Wenn wir also unsere Beobachtungen weiterführen wollten, mussten wir eine Möglichkeit finden, dieses »Hintergrundgeräusch« zu eliminieren.

Andere Teams aus den Bell Laboratories waren auch schon auf diese Strahlung gestoßen, hatten sie jedoch auf die Ungenauigkeit ihrer Messungen zurückgeführt. Nun wiederholte sich das Problem also, obwohl wir ein weitaus empfindlicheres Messinstrument hatten. Auch wir, Arno und ich, dachten, dass das »Geräusch« auf einen Fehler in unseren Geräten zurückging. Nie wären wir auf die Idee gekommen, dass die Strahlung Ursachen haben könnte, die nicht auf der Erde beheimatet waren. Also stellten wir eine Liste all jener Dinge auf, die dafür verantwortlich sein konnten. Wir überprüften jedes einzelne Element unserer Anlage: Fast ein Jahr lang führten wir Messungen mit der größtmöglichen Sorgfalt durch.

Erst 1965, als wir hörten, dass eine Gruppe von Physikern in Princeton solch eine Strahlung vorhergesagt hatte, begannen wir allmählich zu glauben, dass die Strahlung tatsächlich ein noch unbekanntes kosmologisches Phänomen sein könnte. Damals hatten wir jedoch mit der Gruppe in Princeton noch keinerlei Kontakt. Glücklicherweise wies uns Bernie Burke, ein befreundeter Radioastronom, auf die Arbeiten der Gruppe um Robert Dicke, vor allem auf die eines jungen Physikers namens Jim Peebles, hin. Damals hatte Peebles gerade eine Vorabversion eines noch nicht veröffentlichten Artikels an seine Kollegen weitergegeben, in dem er beschrieb, wie man dem Nachleuchten des Big Bang experimentell auf die Spur kommen könnte. Also riefen wir unsere Kollegen in Princeton an (das ja nur sechzig Kilometer von Holmdel entfernt liegt).

Ich kann mich noch gut an den Tag erinnern, an dem Bob Dicke, David Wilkinson und Peter Roll kamen, um unsere Anlage auf dem Crawford Hill zu begutachten. (Jim Peebles konnte an jenem Tag nicht dabei sein.) Als sie alles genau untersucht hatten und uns bestätigten, dass unsere Messungen exakt waren, waren wir ungeheuer erleichtert. Ich sehe Bob Dicke noch vor mir, wie er uns erläuterte, mit welcher Theorie man unsere Messergebnisse erklären konnte. Das »Geräusch« des Big Bang musste in allen Messrichtungen gleichförmig sein und würde daher zu unseren Beobachtungen passen.

Damals hatten weder Arno noch ich begriffen, von welcher Tragweite unsere Entdeckung war. Wir waren nur einfach glücklich, endlich eine Erklärung für dieses »Hintergrundrauschen« gefunden zu haben. Obwohl wir davon überzeugt waren, dass Dicke und seine Kollegen durchaus recht haben könnten, dachten wir doch, dass wir noch andere Erklärungen suchen sollten, zum Beispiel im Rahmen der Steady-State-Theorie. Erst nach zahllosen Überprüfungen kamen wir überein, dass die einzige plausible Erklärung die von Peebles und Dicke war: Vielleicht hatten wir ja tatsächlich die »fossile« Strahlung entdeckt, die vom neugeborenen Universum noch übrig war, wie Dicke es vorhergesagt und Peebles es nachgewiesen hatte. Bevor wir unseren Artikel zur Veröffentlichung einsandten, überprüften wir unsere Messungen noch einmal im Hinblick auf mögliche Störstrahlungen am Boden: Wie erwartet konnte unsere Antenne die Signale trennen.

1965, wenige Wochen vor der Publikation unseres Artikels im *Astrophysical Journal*, gab Walter Sullivan unsere Entdeckung auf der Titelseite der *New York Times* der ganzen Welt bekannt. Erst da wurde mir – wie vielen anderen – klar, wie bedeutsam unsere Entdeckung war. Plötzlich erhielten wir von zahlreichen Astronomen Bestätigung und Ermutigung. Die Feststellung, dass ein Großteil der Wissenschaftlergemeinde unserer Entdeckung aufgeschlossen gegenüberstand, bewegte uns tief. Die Bell Laboratories hatten ja auch einen ausgezeichneten Ruf, ebenso wie das Forscherteam der Universität Princeton: Damit verfügten wir über die besten Ausgangsbedingungen, um ernst genommen und akzeptiert zu werden.

Trotzdem war alles recht langsam vonstattengegangen, wie ich mich erinnere. Es hatte mehr als ein Jahr gedauert, bevor wir für unsere Entdeckung eine Erklärung fanden. Ich glaube, keiner von uns hat damals wirklich vorausgesehen, dass unsere Messergebnisse die Kosmologie gleichsam auf den Kopf stellen würden. Aus diesem Grund waren wir auch ziemlich überrascht, als wir 1978 den Nobelpreis bekamen. Davon hätten wir nie auch nur zu träumen gewagt. Aber das ist ohnehin die beste Art, einen solchen Preis zu erhalten. Der Nobelpreis war nicht nur eine große Ehre, er veränderte auch unser beider Leben. Plötzlich wussten nicht nur Wissenschaftler von unserer Leistung. Gleichzeitig wurde damit unterstrichen, wie wichtig die Erforschung der Hintergrundstrahlung war, und der Nobelpreis bereitete den Weg dafür.

Es fällt mir schwer, das Nobelpreiskomitee im Nachhinein zu »kritisieren«, doch ich bin der festen Überzeugung, dass einige unserer Kollegen den Preis mit uns hätten teilen sollen. Vor allem Gamow, Alpher und Herman, die in den Vierzigerjahren die Existenz der Hintergrundstrahlung vorhergesagt hatten. Oder Peebles und Dicke, die an der Entdeckung einen wichtigen Anteil hatten. Doch selbst wenn einige Kollegen enttäuscht waren, weil man sie vergessen hatte, hatte ich nie den Eindruck, dass Gamow uns dies nachtrug. Er schien sich einfach nur zu freuen, dass wir die »fossile« Strahlung nun tatsächlich entdeckt hatten.

Mehr als ein Jahrzehnt später, 1992, war es an *COBE*, die Welt zu verblüffen. Zunächst einmal zeigte sich eine sehr gute Näherung der Messwerte an das Spektrum der sogenannten Schwarzkörperstrahlung, wie es die Big-Bang-Theorie vorausgesagt hatte. John Mather, der dieses Experiment leitete, wies nach, dass es sich bei der Hintergrundstrahlung um eine nahezu vollkommene Schwarzkörperstrahlung handelte. Somit war Schluss mit allen Versuchen, die Existenz der kosmischen Hintergrundstrahlung auf andere Ursachen als den Big Bang zurückzuführen.

Nun können wir viel weiter in die Geschichte des Universums zurückblicken als je zuvor. Ich finde es unglaublich, dass man so viel Information in den ursprünglichen Fluktuationen der Hintergrundstrahlung findet. Als ich Student war, lag der Unsicherheitsfaktor bei der Bestimmung der Hubble-Konstante, mit deren Hilfe wir die Expansion des Universums ermitteln können, noch in einer Größenordnung von zwei. Mittlerweile aber können wir sie – wie viele andere Fundamentalkonstanten – auf der Grundlage der gemessenen Hintergrundstrahlung auf ein paar Prozent genau bestimmen.

Nachdem *WMAP* seine hochauflösenden Instrumente auf kleine Himmelsbereiche gerichtet hat, wird *Planck* uns hochauflösende Aufnahmen des kosmischen »Hintergrunds« über den ganzen Himmel liefern. Das wird unser Verständnis dessen, was sich bei der Geburt des Universums tatsächlich abgespielt hat, zweifelsohne vertiefen: Es wäre natürlich wunderbar, wenn *Planck* den B-Modus der Polarisation nachweisen könnte.

Die Vorsehung hat dafür gesorgt, dass ich mit einem Instrument arbeitete, das die »Hintergrundgeräusche« des Big Bang auffangen konnte. Und ich hatte das Glück zu begreifen, wozu dieses Instrument fähig war. Ich hätte so viele andere Dinge im Leben tun können, aber ich bin in den Bell Laboratories gelandet, wo es diese wunderbare Antenne gab und auch sonst alles, was wir brauchten, um unsere Beobachtungen durchführen zu können.

Ein halbes Jahrhundert später erinnere ich mich noch immer gern an die wunderbare Zeit am Crawford Hill. Mein erster Chef hatte seinerzeit mit dem Physiker und Ingenieur Karl

Jansky gearbeitet, der in den Dreißigerjahren aus dem Weltraum kommende Radiowellen entdeckt hatte. Insofern war er der erste Radioastronom der Geschichte. Die Crawford-Hill-Gruppe hat später viel zur Entwicklung heutiger Mikrowellentechnologie beigetragen. Es war einfach wunderbar, in einem so stimulierenden Umfeld tätig zu sein. Auch heute noch fällt es mir schwer, mir einen Ort vorzustellen, an dem ich glücklicher hätte sein können. Unser Gebäude öffnete sich auf einen gras- und blumenbestandenen Hügel, auf dem sich mehrere Antennen erhoben, unter anderem der 20-Fuß-Reflektor. Es war jedoch nicht einfach nur »bequem«, dort zu arbeiten. Es war auch einfach wunderschön, ständig draußen in der Natur zu sein.

Heute wohne ich nur einige Kilometer von den Bell Laboratories entfernt. Von Zeit zu Zeit kehre ich an den Ort zurück, an dem ich meine glücklichste Zeit als Wissenschaftler verbracht habe. Die Antenne ist immer noch da. Vor einigen Jahren ging die alte Steuerung kaputt, und so habe ich mit einem Mitarbeiter das alte System durch eine moderne elektronische Steuerung ersetzt. Und die Antenne funktioniert wieder. Allerdings wird sie nur noch selten genutzt. Doch wenn dort ein Picknick stattfindet, richtet man die Antenne auf die Leute aus, die sich dort im Gras niedergelassen haben. Dann schnappt unsere alte Antenne nicht die Strahlung des Big Bang auf, sondern die neuesten Rhythmen, die sie recht laut wiedergibt. Von den tiefsten Geheimnissen des Kosmos zur Schlagermusik – so ist das Leben nun mal.

Robert W. Wilson

Nobelpreisträger der Physik 1978
Universität Harvard

John Mather

Die ersten Spuren in der Raumzeit

In diesem Buch geht es um das faszinierendste Thema überhaupt: um den Ursprung des Universums. Was geschah im Moment des Big Bang? Oder vielleicht sogar *davor*? Wie hat das Universum begonnen? Und wie sind Sterne und Galaxien entstanden?

Zum ersten Mal verfügt die Wissenschaft über Werkzeuge, um diese Fragen beantworten zu können: Die Kosmologie ist heute eine experimentelle (und exakte) Wissenschaft geworden. Ich persönlich hatte das Glück, an einem Projekt mitarbeiten zu dürfen, das nicht nur die Kosmologie veränderte, sondern auch unser Bild des ganzen Universums. Dieses Projekt trägt einen Namen, den Sie inzwischen vermutlich gut kennen: den des Satelliten *COBE*.

1974 leitete ich eine kleine Forschungsgruppe, die eine Möglichkeit finden sollte, die kosmologische Strahlung im Augenblick des Big Bang zu messen sowie die Infrarotstrahlung, die die am weitesten entfernten Galaxien aussandten. 1989 wurde *COBE* in seine Umlaufbahn geschossen. Der Satellit ist das Werk von mehr als 1500 Wissenschaftlern und Ingenieuren der NASA und der Ball Aerospace sowie mehrerer amerikanischer Universitäten.

Die *COBE*-Gruppe machte drei bedeutsame Entdeckungen:

Das Infrarotspektrometer (FIRAS), das von einem Team entwickelt worden war, das ich und Rick Shafer leiteten, verglich das Spektrum der fossilen Hintergrundstrahlung mit dem

Schwarzkörperspektrum, das die Strahlung theoretisch haben sollte. Im Januar 1990 präsentierte ich die ersten Messergebnisse von FIRAS, das auf *COBE* installiert war. Wir konnten quasi sofort bestätigen, dass die Hintergrundstrahlung ein Schwarzkörperspektrum aufwies. Das bedeutete, dass das erste Licht des Universums eine reine Temperaturstrahlung war und dass der Kosmos sich zur Zeit ihrer Aussendung in einem fast vollkommenen thermischen Gleichgewicht befunden haben musste. Als wir die Kurven vor der American Astronomical Society zeigten, erhoben sich die Anwesenden zu Standing Ovations.

Später konnten wir nachweisen, dass die Näherung an die Schwarzkörperstrahlungskurven so perfekt ist, dass die Standardabweichung weniger als 50 Millionstel beträgt. Dies bestätigt die Theorie vom heißen Big Bang mit absoluter Präzision. Die konkurrierende Theorie vom stationären Universum konnte diese Präzision nicht erklären. Die Temperatur der Hintergrundstrahlung ist heute bekannt: 2,725 ± 0,001 Kelvin. Dieses »erste Licht« ist die dominante Strahlungsenergie im Universum, sogar heute noch, wo sie durch die Expansion verdünnt und abgekühlt ist.

Die zweite große Entdeckung geht auf das differenzielle Mikrowellenradiometer (DMR) zurück, ein Instrument, das von der Gruppe um George Smoot und Charles Bennett betreut wurde. Seine Aufnahmen zeigten, dass die fossile Hintergrundstrahlung winzige Unregelmäßigkeiten aufwies (die man heute »Anisotropien« nennt). Diese »Klumpen« weisen minimale Temperaturunterschiede von 10 Millionstel Grad auf. Auf den Karten zeigen sie eine Größe von etwa sieben Grad. Man nimmt an, dass diese Verwerfungen Spuren der Anfangsbedingungen des Universums sind und sich (im Wesentlichen) aufgrund von dunkler Materie gebildet haben – soweit Astronomen sie tatsächlich messen können. Sie stellen Unterschiede in der Materieverteilung in einer weit zurückliegenden Epoche des Universums dar und sind Ursache der großräumigen Strukturen, die wir heute im Kosmos vorfinden. In den Kindertagen des Universums zogen dichte Regionen Materie an und brachten so die Galaxien und Galaxienhaufen hervor. All dies rührt an unsere eigenen Ursprünge.

Als unsere Gruppe am 23. April 1992 die Karte der Anfänge des Universums präsentierte, stand die wissenschaftliche Welt Kopf. Zum ersten Mal erbrachte jemand den Beleg, dass es in der fossilen Hintergrundstrahlung gewisse Unregelmäßigkeiten gab, unglaublich geringe Temperaturunterschiede, die man früher nicht bemerkt hatte. Stephen Hawking, der an der Universität Cambridge theoretische Physik lehrt und für seine Forschungen zum Ursprung des Universums international berühmt geworden ist (wie auch durch sein Buch *Eine kurze Geschichte der Zeit*), meinte gar, dies sei die wichtigste Entdeckung des Jahrhunderts, wenn nicht aller Zeiten.

Tatsächlich wurde damit das Standardmodell der Kosmologie, die Big-Bang-Theorie, ohne jeden Zweifel bestätigt. Die Karten zeigen darüber hinaus, dass die Gravitationskräfte, die die Verteilung der im Big Bang entstandenen Materie lenkten, ausreichen, um die heutige Struktur des Universums mit seinen Galaxien und Galaxienhaufen zu erklären. Die Kosmologen hatten also gleich doppelt Grund zur Freude: Nicht nur war endlich die Theorie vom Big Bang bestätigt worden, wir waren auch in der Lage, das große Rätsel der Entstehung der Galaxien und Galaxienhaufen im Kosmos zu lösen.

Seit dieser Entdeckung wurde die Hintergrundstrahlung mit allerlei Instrumenten auf der Erde oder an Bord von Ballons gemessen. Dazu kommen zwei weitere Raumsonden: *WMAP* von der NASA, die von Charles Bennett und David Wilkinson betreut wird und 2001 in den Orbit gebracht wurde; und *Planck*, die in Europa gebaut und im Mai 2009 in ihre Umlaufbahn geschossen wurde. Zweifelsohne wird *Planck* die außerordentlichen Beobachtungen von *COBE* und *WMAP* bestätigen und verfeinern. Die Kosmologie befindet sich im Moment in einer aufregenden Phase, in der ihre Theorien zunehmend durch Messergebnisse überprüft werden können. Wir verlassen nunmehr das Reich der Spekulation und betreten das spannende Gebiet der experimentellen Bestätigung.

Unsere ersten beiden Entdeckungen wurden durch den Nobelpreis der Physik belohnt, den George Smoot und ich 2006 im Namen unserer Gruppe entgegennahmen.

Unsere dritte große Entdeckung machten wir mithilfe eines Apparates namens DIRBE, das Akronym steht für »Experiment zur diffusen fernen Infrarotstrahlung«. Die Messungen wurden von einer Gruppe unter Leitung von Michael Hauser und Thomas Kelsall ausgeführt. Diese Strahlung – deren Natur noch nicht vollkommen geklärt ist – hat fast die gleiche Intensität wie das sichtbare Licht, das von allen bekannten Klassen der bisher entdeckten Galaxien ausgestrahlt wird. Die ferne Infrarotstrahlung erklärt man sich heute als Resultat einer Klasse extrem lichtreicher Galaxien, die jedoch so viel Sternenstaub enthalten, dass das sichtbare Licht davon nahezu ganz absorbiert wird. Der uns am nächsten liegende Teil des kosmischen Infrarothintergrundes ist noch nicht besonders gut erforscht, hier sind noch weitere Untersuchungen nötig.

Das Buch von Igor und Grichka Bogdanov, das Sie hier in Händen halten, ruft uns die wesentlichen Schritte dieses gewaltigen, abenteuerlichen Unterfangens noch einmal ins Gedächtnis, das uns hilft, unseren Platz im Universum, seine Geschichte und Entwicklung besser zu verstehen.

John C. Mather
Nobelpreis für Physik 2006
Goddard Space Flight Center, NASA

Plancks Geburt

Jedes Experiment entsteht letztlich aus einer Anfangsphase, in der die »Erfinder« merken, dass es möglich ist, vorher für unüberwindlich gehaltene Hindernisse hinter sich zu lassen und einen neuen Aspekt der Wirklichkeit zu enthüllen. Die folgenden Seiten zeigen die ersten Skizzen aus den Arbeitsheften von Jean-Michel Lamarre zum Hochfrequenzmessinstrument der *Planck*-Sonde (*Planck*-HFI), für das er die wissenschaftliche Verantwortung trägt. Es sind tastende Versuche für das Konzept eines völlig neuartigen Instruments, und sie erinnern ein wenig an die Zeichnungen Leonardo da Vincis, der 500 Jahre vor seiner Zeit die ersten Flugmaschinen entwarf. Um eine tausendfach bessere Leistung als *COBE* zu erbringen, musste sich Lamarre schon 1993, als er diese visionären Skizzen anfertigte, vorstellen können, ein Messinstrument zu bauen, das sich den von der Quantenphysik gesetzten Grenzen der Messgenauigkeit annähert. Die umrandete Zahl ist die geringste Messunsicherheit, von der man zu jener Zeit ausging und die das *Planck*-HFI nach mehr als einem Jahrzehnt Forschung und Entwicklung heute erreicht hat.

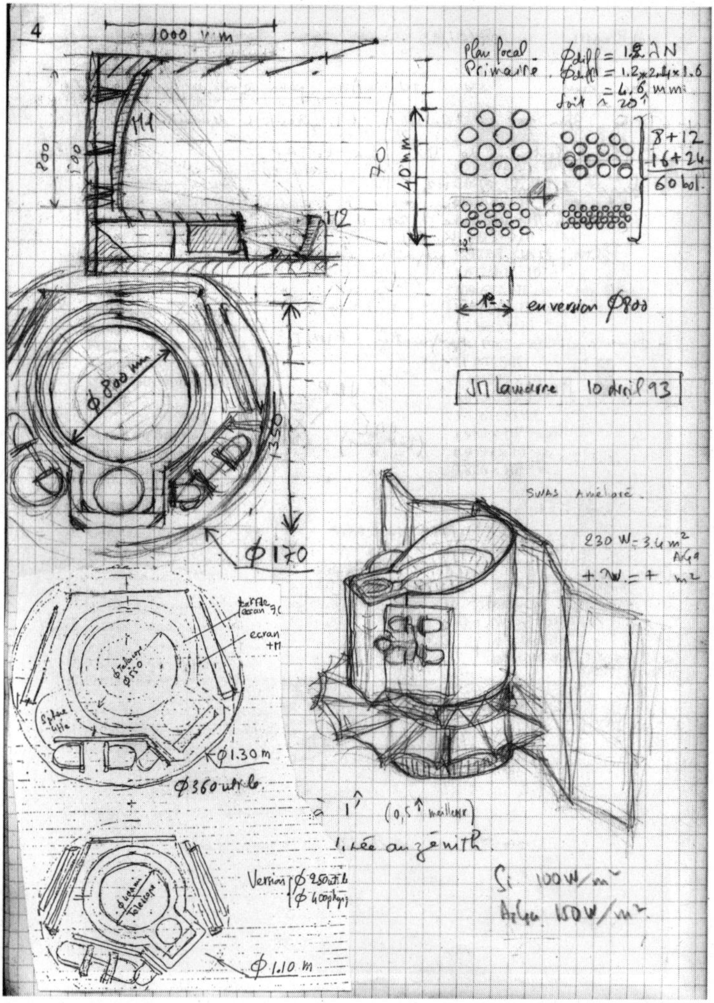

en version φ800
10 avril 93
φ800 mm
φ170
φ1.30 m
φ1.10 m

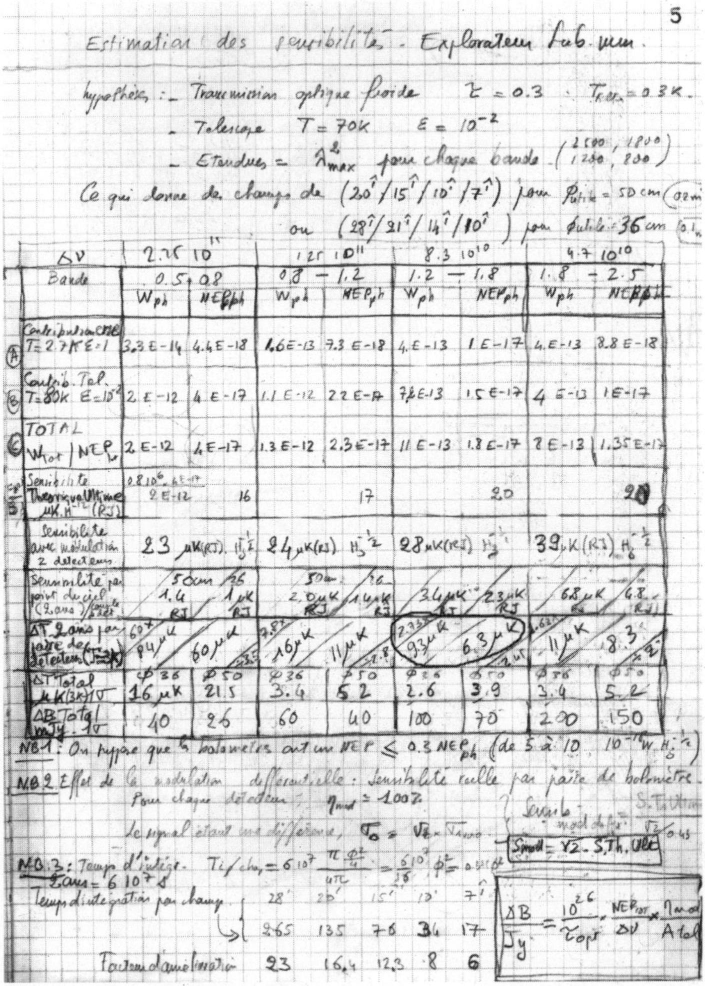

5

Estimation des sensibilités - Explorateur Sub. mm.

hypothèses : - Transmission optique froide $\tau = 0.3$. $T_{bolo} = 0.3K$.
- Telescope $T = 70K$ $\varepsilon = 10^{-2}$
- Etendues = λ^2_{max} pour chaque bande (2500, 1800 / 1200, 800)

Ce qui donne des champs de (20'/15'/10'/7') pour ϕ_{utile} = 50 cm
ou (28'/21'/14'/10') pour ϕ_{utile} = 36 cm

ΔV	2.75 10^11		1.25 10^11		8.3 10^10		4.7 10^10	
Bande	0.5 - 0.8		0.8 - 1.2		1.2 - 1.8		1.8 - 2.5	
	W_{ph}	NEP_{ph}	W_{ph}	NEP_{ph}	W_{ph}	NEP_{ph}	W_{ph}	NEP_{ph}
(A) Contribution CMB T=2.7K E=1	3.3 E-14	4.4 E-18	1.6 E-13	7.3 E-18	4. E-13	1 E-17	4. E-13	8.8 E-18
(B) Contrib. Tel. T=80K E=10^-2	2 E-12	4 E-17	1.1 E-12	2.2 E-17	7.2 E-13	1.5 E-17	4 E-13	1 E-17
(C) TOTAL W_{tot} / NEP_{tot}	2 E-12	4 E-17	1.3 E-12	2.3 E-17	11 E-13	1.8 E-17	8 E-13	1.35 E-17
Sensibilité Théorique Ultime μK.Hz^-1/2 (RJ)	0.8 10^6 . 4E-17 / 2 E-12	16		17		20		28
Sensibilité avec modulation 2 détecteurs	23 μK(RJ). Hz^-1/2		24 μK(RJ) Hz^-1/2		28 μK(RJ) Hz^-1/2		39 μK(RJ) Hz^-1/2	
Sensibilité par point du ciel (2 ans) / couple bolo	50 cm 1.4 RJ	36 1 μK RJ	50 cm 2.0 μK RJ	36 1.4 μK RJ	3.4 μK RJ	2.3 μK RJ	6.8 μK RJ	6.8 RJ
ΔT 2 ans par paire de détecteurs (T=3K)	94 μK	60 μK	16 μK	11 μK	9.3 μK	6.3 μK	11 μK	8.3
ΔT Total μK(3K)/√	φ 36 16 μK	φ 50 21.5	φ 36 3.4	φ 50 5.2	φ 36 2.6	φ 50 3.9	φ 36 3.4	φ 50 5.2
ΔB Total mJy. √	40	26	60	40	100	70	200	150

NB 1 : On suppose que les bolomètres ont un NEP ≤ 0.3 NEP_{ph} (de 5 à 10 10^{-18} W. $Hz^{-1/2}$)

NB 2 Effet de la modulation différentielle : Sensibilité réelle par paire de bolomètre.
Pour chaque détecteur η_{mod} = 100%
Le signal étant une différence, $\tau_0 = \sqrt{2} \times \tau_{inv}$
Sensib. mod diff. = S.Th.Ultim / √2 / 0.43
$S_{mod} = \sqrt{2}$. S.Th. Ult

NB 3 : Temps d'intégr. Ti/champ = $6\,10^7 \frac{\pi \phi^2/4}{4\pi} = \frac{6\,10^7}{16} \phi^2$
2 ans = $6\,10^7$ s

Temps d'intégration par champ : 28' 20' 15' 10' 7'
→ 265 135 76 34 17

Facteur d'amélioration 23 16.4 12.3 8 6

$$\frac{\Delta B}{Jy} = \frac{10^{26}}{\tau_{opt}} \times \frac{NEP_{tot}}{\Delta V} \times \frac{\eta_{mod}}{A_{tel}}$$

© Jean-Michel Lamarre

Anmerkungen und Quellenangaben

1 George Smoot, Keay Davidson, *Wrinkles in Time*, New York 1993. Dt.: *Das Echo der Zeit*, München 1995, S. 340.

2 Paul Davies, *Der Plan Gottes – Das Rätsel unserer Existenz und die Wissenschaft*, Frankfurt a. M. 1995, S. 204.

3 Ebenda, S. 14.

4 Smoot, Davidson, a. a. O., S. 350.

5 Ebenda, S. 341.

6 Jean Guitton, Grichka und Igor Bogdanov, *Gott und die Wissenschaft*, Stuttgart 1993.

7 George Smoot, in: *Science* vom 15. August 1997, S. 890.

8 John Mather in einer E-Mail an die Autoren vom 3. März 2010.

9 George Smoot in einer E-Mail an die Autoren vom 14. März 2010.

10 Siehe http://www.gci.org/science/debate1a.

11 Smoot, a. a. O.

12 Smoot, Davidson, a. a. O., S. 349.

13 Stephen Hawking, *Eine kurze Geschichte der Zeit*, Hamburg 2006, S. 156.

14 Poliakow im Gespräch mit Stuart Gannes in *Fortune* vom 13. Oktober 1986.

15 In: Alice Calaprice (Hrsg.), *Einstein sagt*, München 2007, S. 114.

16 Einstein im Gespräch mit E. Salaman, »A Talk With Einstein«, in: The Listener 54 (1955).

17 Hawking, a. a. O., S. 226.

18 Freeman Dyson, *Infinite in All Directions*, New York 1988.

19 In einem ansonsten wenig aufschlussreichen (kreationistischen) Diskussionsbeitrag von Fred Heeren: http://www.gci.org/science/debate1a.

20 Smoot, Davidson, a. a. O., S. 345.

21 Archiv zur Geschichte der Max-Planck-Gesellschaft, Abt. Va, Rep. 11 Planck, Nr. 1797.

22 In: *American Scientist*, Bd. 73.

23 Smoot, Davidson, a. a. O., S. 349.

24 E. A. Poe, *Heureka,* Onlineversion in: http://www.haus-freiheit.de/poeheureka/heureka1.html.

25 Smoot, Davidson, a. a. O., S. 42.

26 Albert Einstein, *Über die spezielle und die allgemeine Relativitätstheorie,* Berlin 2009, S. 75.

27 Siehe dazu: A. Friedmann, G. Lemaître, *Essais de cosmologie,* Paris 1997.

28 Zitiert von Alan Guth in: *Albert Einstein and the Friedmann Equations,* siehe: openpdf.com/ebook/alan-guth-pdf.html.

29 Georges Lemaître, *Hypothèse de l'atome primitif,* Brüssel 1946 (*The Primeval Atom,* New York 1950). Zitiert nach: Smoot, Anderson, a. a. O., S. 70.

30 Aurelius Augustinus, »Vor der Zeit, seit der Zeit und in der Zeit«, in: *Über den Wortlaut der Genesis,* Paderborn 1964, Bd. 1, Kap. 18, 38, S. 192.

31 Gamow, George, *The Creation of the Universe,* New York 1944 *(dt. v. d. Übers.).*

32 Siehe dazu: http://www.bell-labs.com/user/feature/archives/penzias.

33 Zitiert nach der (fundamentalistischen) Webseite http://www.evidenceforchristianity.org.

34 Arno Penzias, in: R. Varghese (Hrsg.), *Cosmos, Bios and Theos,* Chicago 1992.

35 Auf einer Konferenz der Universität von Illinois, zitiert von Chuck Colson in: *Break Point – Big Bang Versus Atheists,* 28. September 2006.

36 Zitiert nach: J. Bergman, *Arno Penzias, Astrophysicist, Nobel Laureate,* in: American Scientific Affiliation Astronomy/Cosmology, http://www.asa3.org/ASA/PSCF/1994/PSCF9-94/Bergman.html.

37 Allan Sandage auf der Webseite der Leadership University, http://www.leaderu.com/truth/1truth15.html.

38 Zitiert nach: Robert Jastrow, »Evidence for the Biblical View«, in: *The Week in Review,* Wissenschaftsbeilage der *New York Times* vom 17.7.1978.

39 Ebenda.

40 Steven Weinberg, *Die ersten drei Minuten. Der Ursprung des Universums,* München 1997, S. 173.

41 Zitiert nach: Simon Singh, *Big Bang,* München 2007, o. S. *(dt. v. d. Übers.).*

42 In Klammern ist jeweils das Jahr angegeben, in dem die Satelliten in ihre Umlaufbahn gebracht wurden.

43 Smoot, Davidson, a. a. O., S. 278.

44 Ebenda, S. 340.
45 »Breakthrough of the Year« in: *Science Magazine* 2003, zitiert nach http://map.gsfc.nasa.gov.
46 Siehe dazu: http://www.esa.int/SPECIALS/Planck.
47 Siehe: http://planck.caltech.edu/news20090813.html.
48 Während des AGLAE-Ballonprojekts in den Siebzigerjahren.
49 Siehe dazu die exzellente französischsprachige Webseite: http://public.planck.fr.
50 Siehe dazu: Alexandre Favre, Henri Guitton, Jean Guitton, André Lichnerowicz, Etienne Wolff, *Chaos and Determinism*, Baltimore 1995, frz. Originalausgabe 1988.
51 Guitton, Bogdanov, a. a. O.
52 Stephen Hawking, a. a. O., S. 156.
53 Immanuel Kant, *Allgemeine Naturgeschichte und Theorie des Himmels*, Akademie-Ausgabe, Bd. 1, S. 331. Kant sieht in dieser Vollkommenheit »die sicheren Merkmale der Hand Gottes«.
54 Max Born, *My Life: Recollections of a Nobel Laureate*, London 1978. Dt. *Mein Leben: Die Erinnerungen des Nobelpreisträgers*, München 1975 *(dt. v. d. Übers.)*.
55 Richard Feynman, *QED: Die seltsame Theorie des Lichts und der Materie*, München 1989, S. 148.
56 Smoot, Davidson, a. a. O., S. 160.
57 Ebenda, S. 192.
58 Planck-Einheiten stellen ein Einheitensystem dar, zu dessen Definition Fundamentalkonstanten herangezogen werden. Interessanterweise nennen Physiker sie daher häufig »Gotteseinheiten«.
59 Paul Davies, *Das fünfte Wunder*, München 2000, S. 262.
60 Siehe: http://www.uip.edu/uip/spip.php?article628.
61 James Gardner, *The Intelligent Universe: AI, ET, and the Emerging Mind of the Cosmos*, Pompton Plains, NJ 2007.
62 Brief an ein Kind vom 24. Januar 1936, Einstein-Archiv 42-601, zitiert nach Calaprice, a. a. O., S. 179.
63 E-Mail von George Smoot an die Autoren vom 24. Februar 2010.
64 E-Mail von George Smoot an die Autoren vom 9. Februar 2009.
65 http://map.gsfc.nasa.gov/universe/bb_cosmo_infl.html.

66 D. Larson et al., »Seven-year Wilkinson Microwave Anisotropy Probe observations: power spectra and *WMAP*-derived parameters«, in: http://arXiv.org, Artikel-ID 1001.4635, ebenso in: http://lambda.gsfc.nasa.gov/product/map/current/map_bibliography.cfm.
67 Smoot, Davidson, a. a. O., S. 190.
68 http://public.planck.fr.
69 E-Mail von George Smoot an die Autoren vom 24. Februar 2010.
70 Smoot, Davidson, a. a. O., S. 334.
71 E-Mail von John Mather an die Autoren vom 25. Februar 2010.
72 Ebenda.
73 E-Mail von John Mather an die Autoren vom 9. März 2010.
74 Peter Coles, *The Routledge Critical Dictionary of the New Cosmology*, New York 1999.
75 E-Mail von George Smoot an die Autoren vom 24. Februar 2010.
76 Stephen Hawking, »Proceedings of the Study Week on Cosmology and Fundamental Physics« vom 28. September bis 2. Oktober 1981 in Rom, in: *Astrophysical Cosmology* 1981.
77 Remo Ruffini prägte in den Sechzigerjahren in einem gemeinsam mit John Wheeler verfassten Artikel einen Begriff, der um die Welt gehen sollte: Er sprach von einem »Schwarzen Loch«.
78 Lizhi, Ruffini, »Astrophysics & Cosmology World Scientific« in: *Quantum Cosmology Advanced Series* 1987.
79 Peter Coles, »Detection relics of thermal gravitational wave background in the early Universe«, in: *Physics Letters* B, Bd. 680, Ausgabe 5, S. 411–416.
80 Maurizio Gasperini, »Testing String Cosmology with Gravity Waves Detectors«, 15. Juli 1997, in: http://arXiv.org/abs/gr-qc/9707034.
81 T. Padmanabhan in: http://arXiv.org, astro-ph/0603114.
82 Smoot, Davidson, a. a. O., S. 344.
83 »Proceedings of the EPAC« 2006 (European Particle Accelerator Conference) in Edinburgh, Schottland.
84 http://media.caltech.edu/press_releases/13218 (2008).
85 Guitton, Bogdanov, a. a. O., S. 27
86 Robert Jastrow, »Science and Creation«, in: Thomas H.Schattauer (Hrsg.), *Creation*, New Haven 1980.
87 Ken-ji Hamada, Shinichi Horata und Tetsuyuki Yukawa, »Space-time Evo-

lution and CMB Anisotropies from Quantum Gravity«, in: http://arXiv.org/pdf/astro-ph/0607586v3.

88 Smoot, Davidson, a. a. O., S. 344.

89 Guitton, Bogdanov, a. a. O., S. 169.

90 Davies, *Das fünfte Wunder*, a. a. O., S. 263.

91 E-Mail von Jean-Michel Lamarre an die Autoren vom 8. April 2010.

Jan Grossarth
Vom Aussteigen & Ankommen
Besuche bei Menschen, die ein einfaches Leben wagen
320 Seiten | € 18,95 [D]
ISBN 978-3-570-50123-8

In einer Zeit, in der der Arbeitsplatz nicht mehr sicher ist und das Einkommen oft gerade so zum Überleben reicht, ist die Sehnsucht nach einem selbstbestimmten Leben groß. **JAN GROSSARTH** hat Menschen besucht, die es gewagt haben, sich den Tretmühlen zu entziehen. Manche haben von heute auf morgen ihr altes Leben aufgegeben, andere sind schon früh einen radikal nichtbürgerlichen Weg gegangen. Alle leben einfacher, als es nötig wäre, und hoffen damit wiederzufinden, was ihnen verloren gegangen ist: Gemeinschaft, ein naturverbundenes Leben, Glauben, Spiritualität, Freiheit.

Joshua F
Moonwal
Wie aus eine
ein Gedächt
Deutsch von
352 Seiten |
ISBN 978-3-

Sich erinnern zu können ist eine Kuns
Zig-Megabite-Datenspeicher mehr un
senheit gerät. Auf seiner Suche nach d
Supergedächtnisses und dem perfekte
gramm traf **JOSHUA FOER** Geistesakr
tienten und Wissenschaftler und gewa
die USA Memory Championships. „Mo
ist mehr als ein Lebenshilfe-Buch, es i
Schilderung einer sehr persönlichen R
des Menschenmöglichen.

Florian Opitz
Speed - Auf der Suche nach der verlorenen Zeit
288 Seiten | € 17,95 [D]
ISBN 978-3-570-50128-3

„Time is money" ist zum Leitmotiv des Kapitalismus geworden und zum Motor der endlosen Beschleunigung. Nicht nur die Arbeitszeit, auch unsere „freie Zeit" unterliegt dem Takt der globalen Informationsübermittlung, Muße ist zum begehrten Luxusgut geworden. **FLORIAN OPITZ** befragt und beobachtet Menschen, die sich, jeder auf seine Weise, mit dem rasenden Takt unseres Lebens arrangieren. So zeichnet er ein eindringliches Bild von den Hoffnungen und der Hilflosigkeit unserer Gesellschaft, etwas Sinnvolles aus der kostbaren Lebenszeit zu machen.

Frédéric Gr
Unterwegs
Eine kleine Phil
Deutsch von Ur
Michael Bayer
256 Seiten | € 1
ISBN 978-3-570

Zu-Fuß-Gehen ist mehr als Fortbewegu
auch zur Ruhe kommen, in Einklang mit
sich selbst finden … **FRÉDÉRIC GROS** ist
tur, Geschichte und Philosophie eingedr
seinen Streifzügen den unterschiedlichst
des Gehens begegnet: vom Vagabundiere
Pilgern, vom Herumirren zum Lehrpfad,
zur Zivilisation (oder zurück). Ein erfrisch
Einblick in die Welt der großen Denker u
spiel zwischen Körper und Geist.

Ina Fr
Könn
Aus de
320 Sei
ISBN 9

Arbeit
das Sc
hat be
zu we
nare.
für de
repor
ihren
staat
gesch
sollte

Stand
© Ver
Riema
www